数字媒体艺术与设计教学丛书

PRODUCT
DESIGN
IN DIGITAL ERA

数字时代的产品设计

互动装置在产品设计中的应用

季　茜　编著

中国建筑工业出版社

图书在版编目（CIP）数据

数字时代的产品设计　互动装置在产品设计中的应用／季茜编著．—北京：中国建筑工业出版社，2017.7
（数字媒体艺术与设计教学丛书）
ISBN 978-7-112-20888-3

Ⅰ．①数…　Ⅱ．①季…　Ⅲ．①工业产品－计算机辅助设计－教材　Ⅳ．①TB472-39

中国版本图书馆CIP数据核字（2017）第147112号

责任编辑：唐　旭　李东禧　吴　绫
责任校对：王宇枢　姜小莲
书籍设计：胡雪琴

数字媒体艺术与设计教学丛书
数字时代的产品设计　互动装置在产品设计中的应用
季　茜　编著
*
中国建筑工业出版社出版、发行（北京海淀三里河路9号）
各地新华书店、建筑书店经销
北京锋尚制版有限公司制版
北京利丰雅高长城印刷有限公司印刷
*
开本：787×1092毫米　1/16　印张：7¾　字数：176千字
2018年1月第一版　2018年1月第一次印刷
定价：43.00元
ISBN 978－7－112－20888－3
（30499）

“数字媒体艺术与设计教学丛书”
编委会

序

产品设计是伴随着工业社会的产生而发展起来的。现代文明与国家的振兴，无一不是以科技为先导，而产品设计就是先导机制和桥梁。现代工业技术和管理科学对经济增长的推动，是通过设计实现的。产品设计的目标，是创造人——产品——环境——社会的和谐，满足人对物质功能与精神功能的需求。

当今，已经进入“数字化”时代，随着科学技术的飞速发展，人类对自然及对人类自身认识的深化，研究也必须深入、拓宽和综合，这就必然涉及到对以往设计概念与设计创造方式、方法及创造行为的重新认定，使之能创造一个更合理、更完善的生活方式和空间。

本书试图引导我们从当代新兴的装置艺术设计方式中，去认识这些设计如何突破原来的设计语言，将计算机、图形技术编程语言、传媒硬件材料等各类学科知识纳入设计武库。更值得重视的是将人与装置的互动所取得的和谐伸展到产品设计中，这种标志着当代科学与艺术融和的设计，直接地从物质上、精神上关注着以人为依据、以人为核心、以人为归宿、以人为世界终极的价值判断。

如果说我们从新兴的装置艺术中获得了启示，本书的第3部分为装置性产品设计提出的众多创作方法与理念，就直接为新的设计理念和方法提供了理论与实践的深层探索路径。本书所阐述的一些抽象定义和新的复杂概念都会在大量图例阅读中得到解答。

让我们吸取这个时代变化无穷的力量。

李振鹏

中国美术学院跨媒体艺术学院副院长，博士

2017.7.7

前言

如今，人们的日常生活已经同“数字化”密不可分，对新型信息承载方式的需求越来越迫切。“交互性”已成为未来媒体发展的必然趋势，人与产品之间的情感交流也已成为设计流程中无法忽略的考量因素。然而，科技冷酷的金属感往往给人不近人情的感觉。人是情感的复杂结合体，很可能因此在潜意识里对“高科技”产生不同程度的排斥，如何弱化这种矛盾，已成为设计师们迫切需要解决的问题，从而对产品设计的教学提出了新的要求。

本教材尝试将装置艺术的创作方式运用到产品设计中，使产品设计拥有全新的思路，必将诠释出产品更深更美的内涵。第4章中所选案例为近年来华中科技大学工业设计系《专题设计》课程的作业及2016、2017届工业设计系本科生毕业设计作品。在此向各位参与并提供资料的学生与指导老师们表示感谢。随着我校与国际设计界交流的不断深入，设计教育探索已初见成效，我们的学生相继在德国IF产品设计赛、博朗国际工业设计赛、德国红点概念设计赛等国内外设计专业竞赛中斩获大奖。这些教学成果的取得，与我们近几年积极进行设计教学改革息息相关。作为第一线的设计教学工作者，我们深感设计教学必须与时俱进，跟进学科发展，以便更好地培养出优秀的设计人才。本书可作为产品设计专业人员入门和学习的辅导书，也可供相关教学人员参考。

由于教学需要，书中难免使用大量设计案例，皆标明出处，敬请谅解。

2017年5月

目录

1

互动装置艺术

1.1 互动装置艺术

互动装置艺术作为一种新兴的艺术，是随着科技的进步和艺术观念的更新而产生的，属于数字艺术中新媒介艺术的一个新的分支。相对于传统的装置艺术，互动装置艺术的魅力就在于作品中融入了“互动”元素，即通过视觉、触觉及听觉等效果的渲染和烘托，使观者置身于作品之中，在和作品的互动中完成体验，产生无尽的联想和无穷的回味。

互动装置艺术作为一门跨学科的综合性较强的艺术形式，它包括了设计艺术、计算机图形技术、编程语言、传媒硬件材料等各类学科，甚至对生物学、音乐、物理知识都要有所了解，才能进行设计和作品的创作。因此，其在创作方式、表现形式、空间拓展、执行手段、艺术鉴赏等方面趋向于多元化、多学科的交叉，从而为装置艺术的发展提供了广阔的发挥空间和新的艺术启迪。

例如世博会德国馆中的“动力之源”展览大厅，“动力之源”运用金属球作为装置载体，结合了声控系统、传感装置、影像技术、LED发光二极管、音频、灯光等多媒体技术。参观者们在展厅中和这个巨大金属球进行互动（图1-1），当人们做出动作或是发出呼喊声的时候，金属球会随之运动并做出各种反应，展现出不同的图像。参观者呼声越大，金属球摆动或是反应的速度就越快，产生的能量也就越大，由此激发参观者互动参与的热情。

“动力之源”大厅天花板上方围绕着金属球的一圈设置了8个话筒，从8个方向收集观众的呼喊声。后台的计算机通过分析这8个方位声音的分贝，从而指挥安装在金属球悬挂绳索上的转动装置，使之在摆动方向上作出反应。同时，装有40万根LED发光二极管球上的视频展示通过另外的计算机控制，也会随声音而变。此作品通过观众与金属球的互动，共同完成了大型多媒体装置艺术的展示。

观众的呐喊成为该互动作品不可分割的一部分，其表现形式继而更亲和大众。以声音为互动媒介，使装置艺术家的创作动机和表达的思想观念也更加深入人心。互动的效果成为衡量互动装置作品价值的核心所在。

韩国媒体艺术家团体Jonpasang设计的超级矩阵（Hyper-Matrix）显示墙，是为2012年丽水世博会的现代汽车集团展馆量身打造的，该装置由特制的大型钢结构支撑数千个步进马达，控制32厘米见方的立方体，使其能够凸出于建筑立面。这些塑料立方体上安装了制动器，从而在马达的控制下自由伸缩，在展馆的三面空间形成多样化的立体图案（图1-2、图1-3）。显示墙最初为三面空白的白墙，随着形成像素的数千个独立立方体开始有规律地移动，构成动态的图像，从而创造了具有无限可能的180° 垂直景观，此外，由于立方体之间的距离仅为5毫米，所以移动过程中的墙面也可以呈现优美的投影屏幕。在现场音乐的配合下，效果非常震撼！

图 1-1 德国馆—动力之源
（图片来源：http://itbbs.pconline.com.cn）

图 1-2　Hyper-Matrix 超级矩阵显示墙
（图片来源：http://www.aka-mag.com/design_is_art）

图 1-3 Hyper-Matrix 超级矩阵显示墙（动态）
（图片来源：http://www.aka-mag.com/design_is_art）

1.2 电子互动装置艺术简述

虚拟现实的互动装置艺术带领观者来到了一个虚拟的梦幻世界，新奇和神秘的展示效果使观者身临其境，强烈的视觉冲击力使观众在美好的体验中，成为互动装置作品的一部分。

法国里尔的玛德莲教堂展出了新锐艺术师和建筑师丹·罗斯加德（Daan Roosegaarde）设计的交互艺术品“莲花穹顶”（Lotus Dome）。该作品是用数百块超轻铝合金花朵打造的圆形艺术品，能根据人们的行为张开闭合。当有人靠近时，巨大的音色圆球瞬间亮起，绽放花朵。花朵的张合随着人们舒缓的气息和鲜活的情绪而变化。灯光的强弱也发生相应的变动，营造了唯美的光影互动效果。墙面上倒影的莲花图案和深沉的音乐将文艺复兴时期的环境氛围转变为“科技教堂”。

精美的莲花花瓣由数片聚酯薄膜组成，能够感应灯光，自然地张开和闭合。高科技的手工艺类似于16世纪教堂建筑的创新想法。所以设计者说道：“我们正在掀起一场文艺复兴的创新。”“莲花穹顶”是为里尔和当地市民而创造的，目的在于激活美丽又荒凉的文艺复兴建筑，让这些建筑显得更加生动和现代。人们与科技之间的动态关系正是设计者所说的“科技诗歌”。莲花充当了媒介，将建筑和自然、过去与未来紧密联系在一起（图1-4～图1-6）。丹·罗斯加德认为自然和科技之间拥有许多共同点，它们都包含有生命的进化、消失与维持，他将自然界中的植物元素置入一个个特异的场景之中，构造出这样一种新型的“自然体”。它所产生的光影效果在参与者中

图 1-4 莲花穹顶（整体）
（图片来源：https://www.studioroosegaarde.net/project/lotus-dome）

间构造了生动的光影游戏，尤其值得一提的是那件放置在法国里尔市的一座17世纪古老教堂中的装置，它在娱乐性的基础之上更加增添了宗教性的神秘因素，并且它的存在也促使着人们与周围的古典艺术进行一系列的互动。

设计过程就像用技术手段写诗，用科技手段重新演绎自然。丹·罗斯加德致力于环境和科技的融合，让建筑和公共空间更有活力、更富开放性。以无穷的想象力于现实世界中构建出一个个充满梦幻的空间。

在荷兰的布拉班特，丹·罗斯加德设计了世界上第一条夜光自行车道——梵·高星夜自行车道（VAN GOGH PATH），让自行车道闪烁出梵·高“星空”中瑰丽的星夜美景。车道在夜间闪烁星光，旋转的星夜灵感来源于梵·高的名画“星空”。

图 1–5 莲花穹顶（与人的互动）
（图片来源：https://www.studioroosegaarde.net/project/lotus-dome）

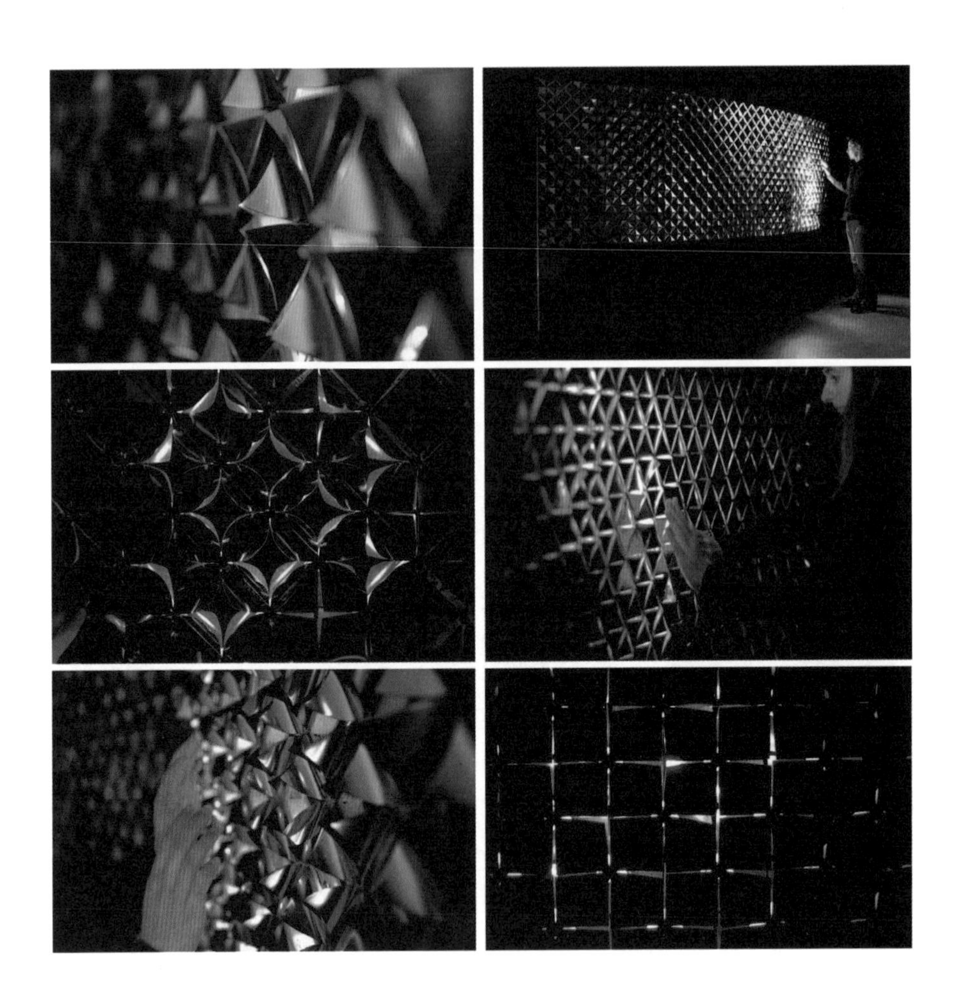

图 1–6 莲花穹顶（局部）
（图片来源：https://www.studioroosegaarde.net/project/lotus-dome）

1883年梵·高住在纽伦堡市，这是一个创新与文化遗产结合的地方。这条夜光自行车道长1公里，路面上旋涡状排列着5万个荧光“石头”，白天能进行充电，到了晚上就化作了星空中蜿蜒瑰丽的星夜美景，成千上万颗小石子闪烁着蓝绿色微光，如同银河星空洒落人间，载着心爱的人在这样一条散发着梦幻气息的道路上骑行，像身在童话世界，又像飞行在璀璨夜空，有一种置身梦境的浪漫。在这里，梵·高的梦幻星空就在你的脚下（图1–7）。

“沙丘”（DUNE）系列作品是与公众的行为活动紧密相关的公共艺术项目，它结合了自然界与科学技术的众多特征，这件作品由许许多多的光感纤维组合而成，根据人们在其周围行动的状态和趋势，以及人们所带来的声音和动作的影响，它们会自然地散发出不同程度的光彩，总共会产生128种变化。装置的内部装有一些传感器和麦克风，它们可以记录下人类的活动，可以随着外界情况的变化而作出相应的调整，这个装置能够不间断地收取那些来自公众的信息。这件作品在人流密集的时候便会变得鲜活跃动起来，尤其是在人声嘈杂之时，它的反应便会极为强烈，反之，在人影稀疏的时候，它就会变得安静平和起来，仿佛自身拥有着可控的情绪（图1–8）。这是自然和技术的混杂体，亦是一个平台，通过它增强了参观者和固有建筑之间的联系。依靠看、行走和互动，让参观者与整个空间融为一体，颇有“爱丽丝梦游科幻岛”的意境。

此景观装置有这样几种状态：没有人的时候，它会进入睡眠状态，变得温柔而黯淡；当你一旦走进“沙丘”，灯光会立刻亮起来，犹如是你的动作的延伸。它也并非始终是温柔而淡然的，要是你制造出一大堆噪声，它会变幻出疯狂的灯光，猛烈地闪烁。曾经有一位老妇人在“沙丘”现场模仿了狗叫声，而且不止一次，有那么好几次，声音非常之响，设计师问她为什么这样做，而她回答说她家里有条小狗，她非常好奇当小狗叫的时候沙丘会作出怎样的反应。事实上，人们开始把这个作品逐渐人格化，人们的参与成为了一种随机的艺术形式，他们在参与的过程中会同整个建筑空间或是自然空间产生联系，人们的各种个性化的演绎甚至还会使这件作品具备一定的人格化特征。而这正是设计师想要的，追求的。

图 1-7　星空自行车道
（图片来源：https://www.studioroosegaarde.net）

图 1-8　沙丘
（图片来源：https://www.studioroosegaarde.net）

这些作品安置在鹿特丹和悉尼等城市的一些特定地点中，给予人们独特的交互体验和审美愉悦，人们可以在晚间享受到夜游的妙趣，这些作品在无形之中增强了公众之间的交融性。“沙丘”系列作品在自然界与城市空间之间构建出了一种具有未来主义特征的审美形式，人迹的变化所产生的物理性演化，拓宽了作品本身所要传递的意旨。

“海底城市”（WATERLICHT），通过蓝色的光波传递水的力量和诗意，丹·罗斯加德使用沉浸式的灯光投影艺术装置表现海底城市，展现了失去水利工程后的荷兰（图1–9）。

夜空中，碧蓝的水光波动，仿若海底。由电脑计算模拟了海平面的实际高度，投影在空旷的博物馆广场上，流动着的蓝色光波象征着波涛起伏的海平面，广场上的人们淹没在三米高的迷幻蓝光中，流波在头顶，仿佛置身于水下之城。“海底城市展示了失去水利工程后荷兰的景象。荷兰始终生活在海平面以下，但随着时间流逝，人们似乎早已将国家四周的水忘得一干二净，忘记了荷兰文化与自然的相互影响。”丹·罗斯加德说：“我们应懂得始终对自然心存敬畏。”

图 1–9　海底城市
（图片来源：https://www.studioroosegaarde.net）

作品“流动”（FLOW）使用了成百上千个风扇构成了一个10米长的走廊。这件作品的控制系统中包含有许多感应器和麦克风，参观者不经意的动作、声音、言语、行为都会给风扇的风向和速度带来一定程度的影响，这件作品充盈着透明孔洞和人力风向的极具幻觉意味的景象，促使着人们产生对自身意识的种种思索（图1-10）。这件作品赢得了荷兰设计大赛中的“最佳自主空间设计”大奖（Best Autonomous Spatial Design），并且还被21c Museum Art Collection USA所收藏。

通过高科技的手段对自然与社会、人文与环境之间的关系进行探索，设计者以无穷的好奇心来构建出了一个个充满臆想与现实的世界。体验与创意，精神性的感触与物质性的触碰，这便是当代设计者们不断探索的课题。

CLOUD是一个巨大的互动云朵雕塑，是由加拿大艺术家Caitlind r.c. Brown和Wayna Garrett设计的原比例互动灯光装置。一颗颗晶莹剔透或白色半透明的灯泡被固定在巨大的支架上，装置上还设计了数百条的电灯开关，让民众能够亲身参与互动。艺术家用一种不同的艺术视角对钢铁、金属拉绳和六千多个白炽灯泡等日常生活废品进行重新设计与构想，设计出了一个全新的围合体验式环境，从而激

图 1-10 流动
（图片来源：https://www.studioroosegaarde.net）

励观者互动。CLOUD的下部是由暴露的电子器件和不完美的手工弯曲的钢结构组成。这种对内部结构的“揭示”打破了艺术品的外在美感所特有的纤巧和轻盈的错觉。CLOUD的重要性在于更广泛地讨论如何面对家庭和城市空间中所充斥着的大量废物（图1-11）。

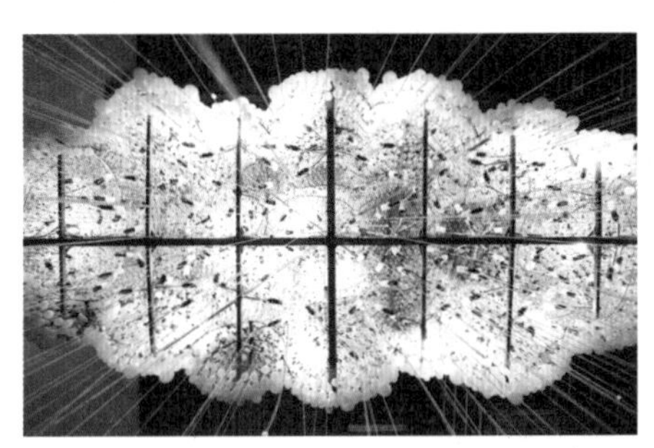

图 1-11 CLOUD（Caitlind r.c. Brown 和 Wayna Garrett 设计）
（图片来源：https://incandescentcloud.com/）

简单、明亮、俏皮的CLOUD提供了人们社会互动、协作和集体行动的平台。当观者拉动拉链时，即无意识地成为了作品的表演者，从而为场外的观众设定了不确定的景象。艺术作品的“内部”和“外部”呈现出的矛盾对比，传达出参与和沉思、表象与思考、集体与主体、和谐与混乱的意向。雨云CLOUD作为能被世界各地的人们所理解的通用图像语言，突破了语言障碍、文化差异和地理距离。

以色列驻美艺术家 Daniel Rozin 以创作能即时互动的镜像设备而著名，其个展“进化”（Descent With Modification）创作灵感来自达尔文时代的生物演化理论。在镜像系列中，Daniel Rozin透过传感器和电脑程序，让艺术品以机械动态、物件组合映射出观众的样貌图像（图1-12），如照镜子一般，“镜”中的成像会随着观者的动作即时呈现。

此次展览中规模最大的作品便是这件“企鹅镜”（Penguins Mirror），由450只黑白绒毛的电动企鹅排列在地板上，它们被设定成相同的动作模式，呈几何方式精确排列，会随着观众的动作而集体向左转、向右转。成群的可爱企鹅随着参观者的动作而做出相似的反应，一齐转身露出白色肚腹，成排的黑白绒毛如波浪般摇曳、摆动，随着参观者的行动而转动。

Rozin的互动装置创作聚焦于身体的肢体语言，透过物件的独特动作，而逐渐改变观者在现场的反应，而“镜像式的模拟”亦是他创作的核心概念，观者的行动会造成物件的转动，物件的动作也会影响观者的一举一动，甚至参观者在现场也成为其艺

图 1-12 “进化”（Descent With Modification）
（图片来源：http://www.technews.cn/2015/06/04/danielrozin/）

术计划之一，成为探求生物行为、再现与幻象的一种手段（图1–13）。

来自伦敦的互动装置艺术家Dominic Harris和Cinimod Studio共同制作的名为“Ice Angel”（冰之天使）的互动艺术装置作品。小时候大家都喜欢在下雪天里，画一个雪地上的雪天使，“Ice Angel”正是于此获得了创意灵感。

该装置是一个长宽均为2.7米，厚度为10厘米的LED灯墙，由镭射激光切割而

图 1–13 企鹅镜
（图片来源：http://www.technews.cn/2015/06/04/danielrozin/）

成的金属边框，LED灯墙外覆盖着磨砂亚克力材质的表面，灯墙前方有一块镜面底座，体验者在欣赏过程中站在该底座上，身体正面对着灯墙，可以更好地提升体验者与LED灯墙的交互感与视觉欣赏的舒适度。在用户站立的底座内有一个生物芯片传感器，可以记录跟踪用户的动作角度与整体体态角度数据，该传感器通过摄像头把数据直接传输给内置于灯墙内用于控制LED灯光流动显示的计算机，从而实现了LED的记忆功能（图1-14）。

该艺术装置的主要制作软件是基于C++语言环境下开发的，具有定制功能的传感跟踪应用程序。该软件在标准人体比例参数的技术上，通过跟踪体验者头部的高度，手的距离、高度和角度，生成最符合真实姿态的人体骨骼运动姿势。

体验者只需要站在装置前，就可以化身为精灵般带着双翼的天使。该装置具有捕捉和记忆的功能，当人们在装置之前展开双臂，做出上下挥舞翅膀般的动作，该装置就可以实时捕捉到用户的动作轨迹，LED会自动呈现出一对翅膀的造型，与用户的双臂一同摆动，挥舞着翅膀，体验者可以亲身看到眼前的自己成为舞动翅膀的天使。该装置表达了一个核心理念，即人人都拥有天使般的一面，人人都是天使。该装置就是要让观者看到自己天使的那一面。

装置艺术作品“站着的人”（Les Hommes Debout）第一次是2009年在里昂灯光艺术节期间展出的，每年的12月8日灯光艺术节在里昂市很多街区彻夜灯火通明。自从首次展出以来，这一装置艺术作品便受到了人们极大的欢迎。16个荧光模特和真人都是一样的大小，是一种合作式的艺术作品，通过人们对展出作品的互动参

图 1-14 Ice Angel
（图片来源：http://dominicharris.com/ice-angel）

与，去表达和传达意义（图1-15、图1-16）。实际上观众不仅仅可以倾听他们，也可以触摸他们，甚至可以凑到这些塑料模特的耳边与他们说话，从而启动其灯光、声音和颜色的相互交织效果。

设计者AADN说，之所以没有把这些模特设计成高矮不同、情态各异的“人”，是想要表现出一种社会生活的面具化。他觉得在现代社会中，人们逐渐趋向于“制服化”和“面具化”，每个人都越来越像是标准程序输出的结果，缺乏了自我的个性，这是科技和社会发展过程中不能避免的一些缺陷。

虽然这样一来，“站立的人”看上去就并没有那么漂亮好看，也不能迎合小孩老

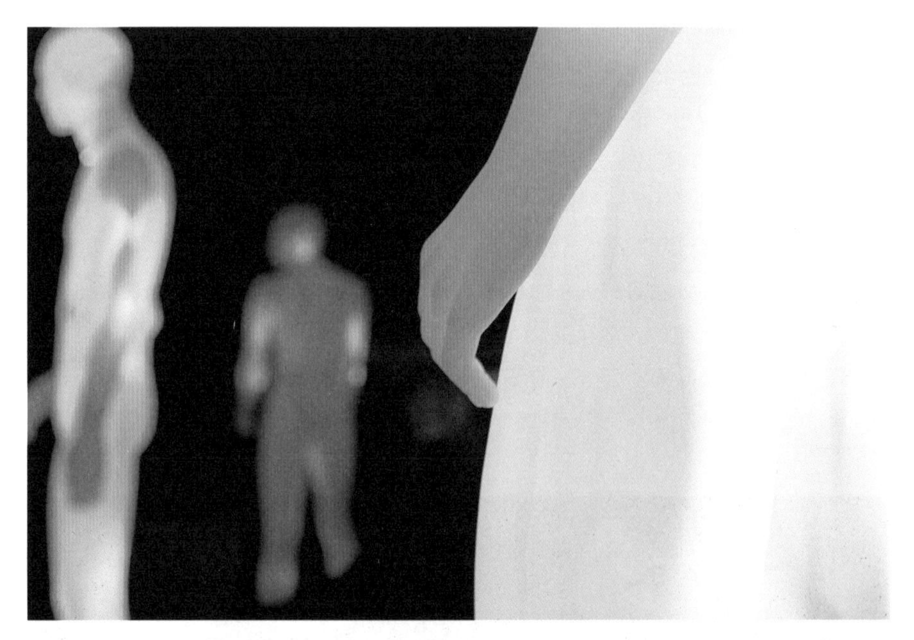

图 1-15 站立的人 Les Hommes Debout CAADN 设计（1）
（图片来源：http://aadn.org/）

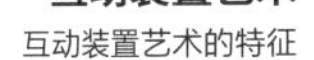

图 1-16 站立的人 Les Hommes Debout AADN 设计（2）
（图片来源：http://aadn.org/）

人的需求。但是恰恰是这些外表完全相同的“人”让我们发现也许我们自己就是身处在这样的生活中，身边的每个人看似相同，差异化在渐渐缩小。

从上述的案例中我们可以总结出：互动装置艺术是整合了文字、图形、图像、声音、视频、语音、文字、数据、流媒体等媒介的艺术形式。在语言手法上具有两个主要方面的特点：互动性和可体验性。

1.3 互动装置艺术的特征

（1）互动性

“互动”一词的用法比较复杂。人与人之间、人与机器之间、机器与机器之间的相互作用都可以说是“互动”。在艺术领域，创作者、传播者、鉴赏者及作品中的人与物之间的相互作用也都可以说是“互动”。尽管如此，“互动艺术”之“互动”特指作为读者、观者、用户、访问者与艺术作品之间的互动。在最广泛的意义上，所谓“互动”是指事物之间有反馈的相互作用，对于人际交往来说，凡是某一方所采取的行动、所表达的意愿或所传播的信息得到另一方的应答，这一过程就构成了交互。

在互动装置作品中，参与者不单依赖视觉，而是视、听、触、想等多种感官的综合运用，进入到作者所预设的现场内参与影响作品的发展与结果。在这个现场中参与者的反应各有不同，将导致互动作品呈现出不同的形态，对作品的解读是多向的，互动作品是开放的、可交流的。

所以，在互动媒体艺术的创作中，艺术家要做的不再是内容和理念的单向传达和表现，而是营造环境，让观众能够参与其间，并在互动中完成整个作品。观众将以主动、建设性的姿态参与到作品的欣赏中，而不再是被动的反应和理解。

（2）可体验性

体验是指当遇到一些事情或某件特殊的事情时，人们在观察过程中所得到的知识和情感的总和。所以当观者观看作品时，如果观者没有亲身经历到作品中某种关联强烈的改变，例如图像的改变（装置中某种元素的改变），那么他就不可能得到体验中所谓的知识和情感改变。所以体验是通过身体对我们的感官刺激的深度所产生的影响的体验。

观众有选择互动或者不互动的权利，但是如果一件互动作品没有观者与之互动，或者不能激发观者与其互动时，那么，无疑这件作品没有任何意义。所以互动装置的这个特征不是体验性，而是可体验性。作品的可体验性必须实际可行，必须吸引、接纳观者，适当的时候甚至“强制”观者置身其中。

“Firewall”是由设计师Aaron Sherwood与Mike Allison合作创建的名为“火墙”的交互式装置。作品的表面为带有敏感性膜的界面，由可拉伸的氨纶片组成，吸引着人们伸手推入从而创造出类似火的视觉效果，随着人与火墙的互动，富有动感和表现力的音乐视听感受得到了增强（图1-17）。

作品“Sodium (Na)”是在一个名为MICRO的早期作品的基础上创作的，命名为化学元素钠，其中包含11个电子，装置作品共有11个球体供人们玩耍。每个球体都是交互式的，触摸时会发出声音和光线。Na拥有全新的音乐编曲，每一个球体都

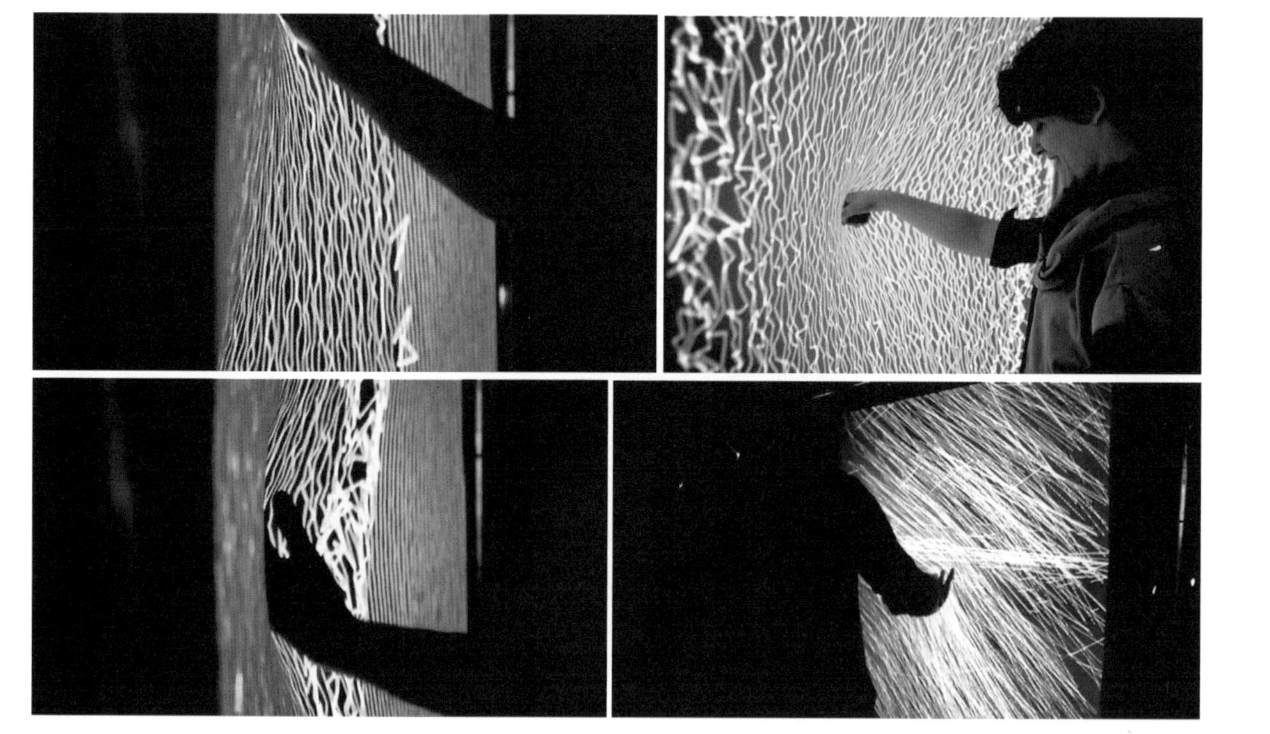

图 1-17 Firewall（Aaron Sherwood、Mike Allison 设计）
（图片来源：http://aaron-sherwood.com/works/firewall/）

有自己独立的声音。每个球也具有相同的颜色，说明了元素化学特质的均匀性。该作品曾在纽约大学阿布扎比的项目空间展出（图1-18、图1-19）。

作品“MICRO - Double Helix”（“微双螺旋”）是一个大型的交互式装置，是对早期作品MICRO的延伸拓展后创作的。在斯科茨州运河的马歇尔桥梁上，由两条波纹带状的触摸互动球体组构而成，声音和光线交织成形成了奇妙的夜景。人是生命，与双螺旋纽带紧密联系，当人们接触球体时，每一个球体都拥有不同的声音和光线（每个人都有单独的扬声器、声音和LED）（图1-20～图1-22）。

图 1-18 Sodium（Na）（Aaron Sherwood、Mike Allison 设计）（1）
（图片来源：http://aaron-sherwood.com/works/sodium/）

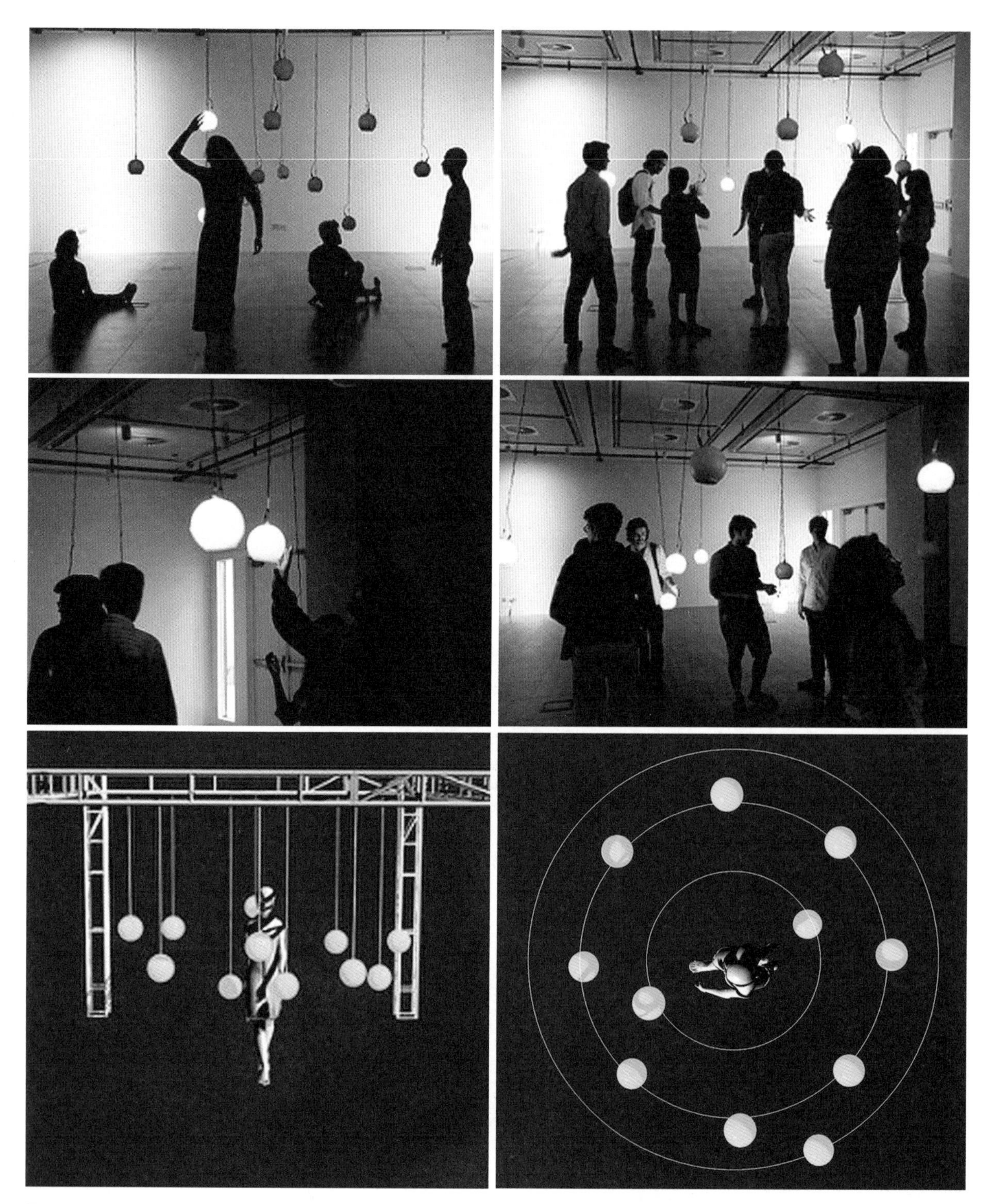

图 1-19 Sodium(Na)(Aaron Sherwood、Mike Allison 设计)(2)
（图片来源：http://aaron-sherwood.com/works/sodium/）

图 1-20 MICRO－Double Helix（Aaron Sherwood、Mike Allison 设计）（1）
（图片来源：http://aaron-sherwood.com/）

图 1-21 MICRO－Double Helix（Aaron Sherwood、Mike Allison 设计）（2）
（图片来源：http://aaron-sherwood.com/）

图 1-22 MICRO－Double Helix（Aaron Sherwood、Mike Allison 设计）（3）
（图片来源：http://aaron-sherwood.com/）

作品“Spark!”（“火花!”）是为庆祝美国亚利桑那州梅萨市的表演和视觉艺术中心的年度节日而创作的作品。在户外展示了互动弹出式装置，人们通过运动与发光的球体互动，在室内则展示了触摸交互式氨纶片MIZARU，并设计了系统的整套原型音频、视觉舞蹈表演（图1-23～图1-25）。

一组设计师创造了一个交互性的临时性灯光艺术装置，并将之命名为“Loop”。该装置位于加拿大蒙特利尔省，在当地举办的Luminotherapie灯光艺术节上展出，吸引了人们的眼球。该项目是由Olivier Girouard、Jonathan Villeneuve、Ottoblix、Generique Design、Jerome Roy、Thomas Ouellet Fredericks组成的设

图 1-23 Spark!（1）
（图片来源：http://aaron-sherwood.com/works/MesaArtsCenter/）

图 1-24 Spark!（2）
（图片来源：http://aaron-sherwood.com/works/MesaArtsCenter/）

图 1-25 Spark!（3）
（图片来源：http://aaron-sherwood.com/works/MesaArtsCenter/）

计团队设计并负责建造的。整个装置花费了三个月时间，13个巨大的光亮圆环照亮了周边地区，它们有的是用活动幻境做成的，有的是用八音盒制成的，有的则是由铁道上的手动车改造而来的。各个圆环之间间隔两米，不仅仅外形美观，人们还可以坐进里面通过把手来给整个装置充电，装置闪着光亮，人们就像进入了一片童话世界。每个装置内有一个杠杆，人们可以前后摇动，光环便开始旋转起来。旋转起来的光环让整个场地更加梦幻，24个跟童话有关的黑白卡通形象会随着光环转动逐渐显现出来，非常漂亮（图1-26~图1-29）。

图 1-26 Loop（Olivier Girouard、Jonathan Villeneuve、Ottoblix、Generique 设计）（1）
（图片来源：https://we.tl/GXFZLD6QMC）

图 1-27 Loop（Olivier Girouard、Jonathan Villeneuve、Ottoblix、Generique 设计）（2）
（图片来源：https://we.tl/GXFZLD6QMC）

图 1-28 Loop（Olivier Girouard、Jonathan Villeneuve、Ottoblix、Generique 设计）（3）
（图片来源：https://we.tl/GXFZLD6QMC）

图 1-29 Loop（Olivier Girouard、Jonathan Villeneuve、Ottoblix、Generique 设计）（4）
（图片来源：https://we.tl/GXFZLD6QMC）

互动装置对产品设计的启示

2.1 互动装置在产品设计领域的交叉应用

随着体验经济的来临，人们对产品的要求与工业革命之初相比有了巨大的提升，表现为挑剔甚至苛刻，呈现出多元化的需求。而且大众通过充实知识、提高素质，生活向着更高层次迈进，生活与艺术的界限变得模糊。这些变化都要求产品设计在思维方式、创作方式和呈现方式上有所突破，而现有的产品设计方式很难冲出固有模式，这就对产品设计提出新的挑战。

互动装置艺术是一门跨学科的综合性较强的艺术形式，由于其以装置硬件为其承载的基础，结合其特有的交互性，使得它在其他很多领域有很广泛的应用。尝试将装置艺术的创作方式运用到产品设计中去，使产品设计拥有全新的思路，必将诠释出产品更深更美的内涵，从而充分满足当代人多元化的需求。从互动装置艺术与产品设计的契合点出发，引导产品设计取得突破和创新，以满足人们对“美”的追求。

装置艺术物质载体是现有产品，而产品设计是要创造新的产品，两者有着区别，更具联系性。从某种程度上讲，装置艺术是对现状提出思考，而产品设计是对思考的问题寻求解决之道，两者相辅相成，互相促进。利用装置艺术对生活敏锐的观念性的思维性质，提出问题，从而形成产品设计的概念来解决问题，进而设计出新的产品。产品设计反映着一个时代的经济、技术和文化。利用交互技术对行业产品进行创造、改良等，并从外观、内在、质量各方面下手，从而迎合市场需求，是产品设计的新趋势。

Christa sommerer和Laurent Mignonneau的作品“感觉手机”（Mobile Feelings）探索了与陌生的观者分享私人身体经验的矛盾心态。该设计提供一组特殊的手机，当这些手机被人们使用时，微生物传感器和执行器将捕捉用户的身体数据（如心跳、血压、脉搏、皮肤湿度、汗水和气味等）。所有这些数据可以发送到其他匿名用户那里，用户通过嵌入物体的电子互动装置（执行器、振动器、通风装置、微电机系统和微生物电化学系统）体验到其他用户的身体经验。比如，在观者手中的物体可能传来——例如振动、搔痒、一阵微风、脉搏，或者湿气、推动，或者轻微的撞击等感觉，可以令观者体验到一种模糊的、陌生的、与他人沟通的新经验，使观者享受“移情”装置带来的交流乐趣（图2-1）。

在情趣化家庭产品设计方面，国外设计师的一些作品很大程度上都是可以拿来学习和借鉴的。例如Light Chimes互动灯具，能够察觉风和温度的变化，并以这种变化来改变灯光呈现的样式，该产品定位于未来庭院生活的照明，造型为一个环形的灯圈，以及可以插在户外庭院中任何地方的长杆子上，为无线（预充电），当风从灯孔中穿过时，灯光就变得明亮起来，颜色也可以随着温度的变化而产生变化，使用者可以通过灯的颜色亮度的变化来知晓环境的改变，于“闲庭观风听雨”。这个互动灯的设计运用温度传感器作为输入的感测单元，输出的回馈机制则是灯颜色亮度的变化，从而产生互动的效果（图2-2）。

产品MOMENTO看起来像一个晶莹剔透的雪球，实际上是一台数字视频播放器。童话中的女巫，手掌触摸魔球就会显现出影像，而通过传感器，MOMENTO也

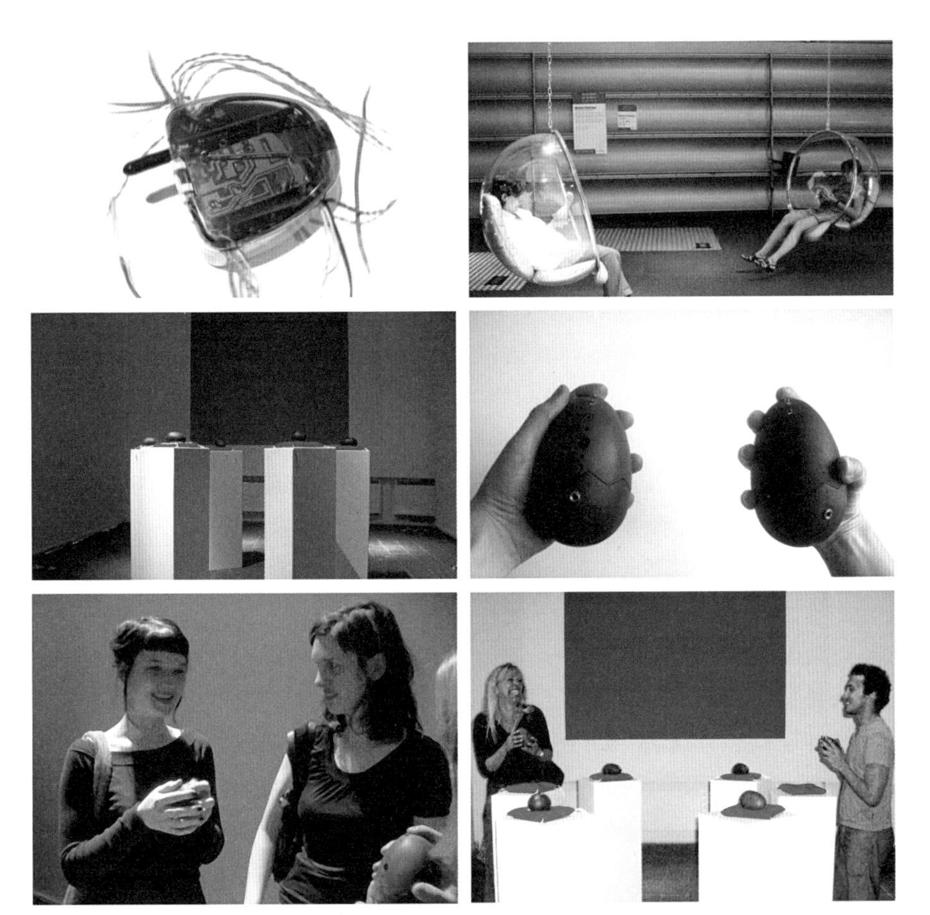

图 2–1 Mobile Feelings
（图片来源：http://www.interface.ufg.ac.at/christa-laurent/WORKS/FRAMES/FrameSet.html）

图 2–2 Light Chimes
（图片来源：http://vhmdesignfutures.com）

可以实现这一奇妙的功能，用户手掌的运动就好像被注入了神秘的魔法。玻璃球里面存储着那些值得纪念的生活片断，你接近它、拿起它时，它就激活了，通过轻轻晃动MOMENTO，用户可以选择视频。

设计不仅需要智能化而且产品造型也做得很特别，它以存储值得纪念的生活片断为出发点，情感上的体验就很丰富，更重要的是，平衡传感器的应用，带来了新的操作方式，人和物之间自然地形成互动。由于科技的进步加速了物质的不断更新，设计领域随之也产生了很多概念化的设计，即使不能立刻生产制造出来，但是这些概念设计总是能为设计师或是生产商，指明新的趋势和新的发展方向（图2-3）。

变色龙灯（THE CHAMELEON）能够按用户展示给它的颜色及时地改变灯光。如图2-4所示，用户将带有颜色的物体靠近内置传感器，就可以变成相应颜色的灯光，从而提供了一种匹配颜色的直观方法。而且灯光还可以通过蓝牙播放音乐，与手机相连接免提接通电话。同时，灯光的强弱可以通过轻拍灯罩来调节。

LED BULBS灯具设计不仅提供了丰富的灯光效果，还可以让用户调整适合家庭气氛的个性化颜色。对用户而言，购物时经常会忽略什么颜色最适合客厅，或者卧室的光线应该有多亮。LED BULBS可通过直接调整现有灯具的光线，弥补这一缺憾，从而设置出用户想要的准确的颜色与亮度。

使用简单直观的手势，如挤压、扭曲、抚摸或转动，即可调整颜色、饱和度、色调和亮度，以创建用户想要的确切照明氛围（图2-5）。这种新的造型、新的操作方式以及新的设计理念，带来的是新的视觉享受，同时这种新的“互动”体验能够带给使用者生活的愉悦。

互动餐具（Interactive tableware）产品的设计旨在增强美食体验。该设计基于“感觉可塑性”（sensorial plasticity）科学，通过视觉、听觉、味觉、振动和电流的

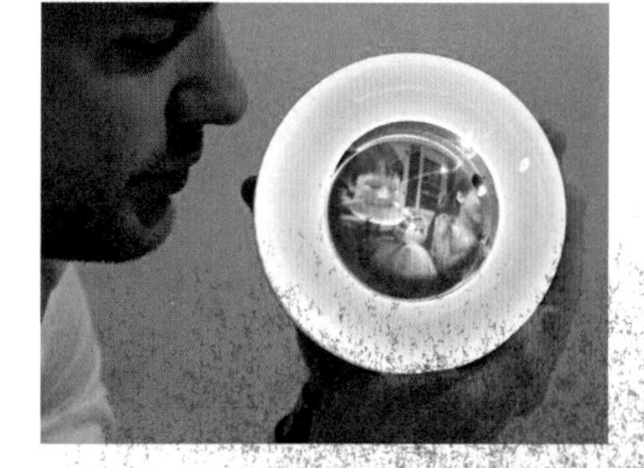

图 2-3 MOMENTO（左）
（图片来源：http://www.visionunion.com/article.jsp?code=200511170035）

图 2-4 变色龙灯（右）
（图片来源：http://vhmdesignfutures.com）

图 2-5 LED BULBS
（图片来源：http://vhmdesignfutures.com）

刺激来扩展感官体验。飞利浦设计团队试图用电子、光和其他激发物整合形成的新式设备来刺激用餐者的感官，从而探讨在吃东西的过程中，人的饕餮体验如何被增强，并发生转变。

此产品系列包括：多感官“互动盘”（Interactive Platter），扩大感官刺激和体验的范围；“汤碗风暴”（Storm in a Soup Bowl）使用声波搅拌器和传感器改变食物的颜色、形式、浓度和密度；“刺激勺子”（Stimulus Spoon）与嘴唇和舌头接触时传输非常温和的电流，从而改变食物的感觉味道（图2-6、图2-7）。

菲利普研发设计的Vibe情感感应项链（The Vibe emotional sensing necklace），外观设计可爱喜人，柔性材料制作的项链表面佩戴起来非常舒适，在项链内部内置了多种先进的传感装置，佩戴者的生物信号能够通过导电油墨和织物传感

图2-6 互动餐具
（图片来源：http://vhmdesignfutures.com）

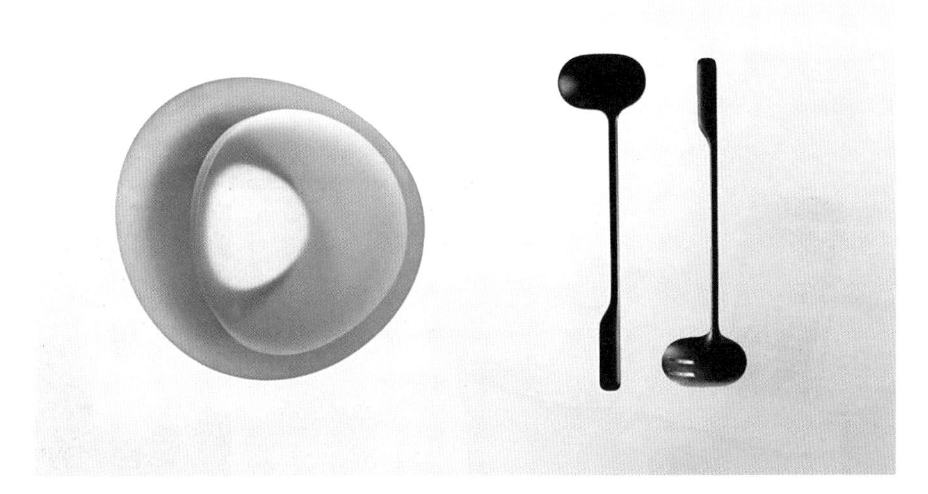

图2-7 汤碗风暴（左），刺激勺子（右）
（图片来源：http://vhmdesignfutures.com）

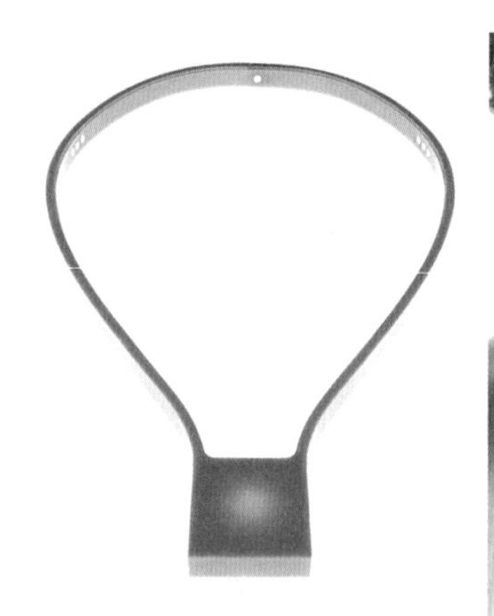
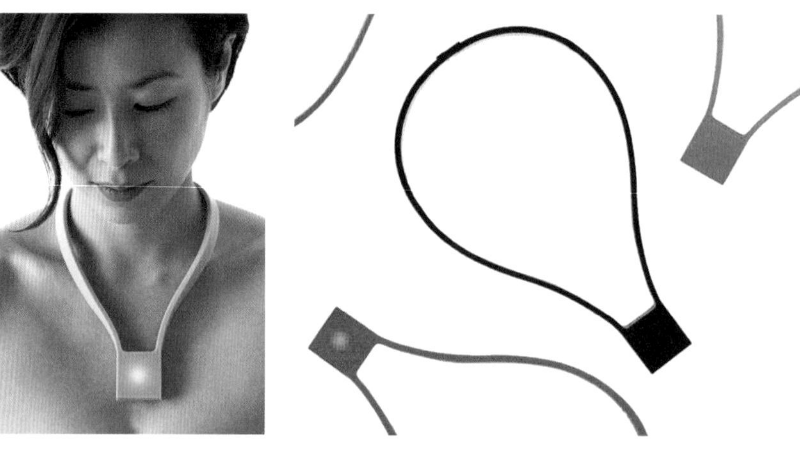

图 2-8 Vibe 情感感应项链
（图片来源：http://vhmdesignfutures.com）

器传输到设备中。项链可以读取佩戴者的多个生物测定信号，并将它们传送给其他设备和其他佩戴者（图2-8）。通过这一“互动”设备，用户能清楚感知自己的情绪，进而实现压力控制。

阳光唤醒灯（Wake-up Light）是由飞利浦推出的一款睡眠唤醒灯，将闹钟功能融入了灯具的设计中，通过模拟日出时光线逐渐变化的过程来唤醒睡梦中的人们，从而提供了一个自然、温和且符合身体自然苏醒节奏的唤醒方式。根据设定，在闹铃前的20～40分钟内，唤醒灯的光芒会从日出前的红色慢慢变成橙色，直至明亮的黄光，你还可以选择收音机或五种不同的大自然声音作为最终的闹铃声。除此外，唤醒灯兼有20级的亮度设置和睡眠模式，可以通过模拟夕阳的柔和光芒引导你进入美妙的梦境，为用户提供更为愉悦的“互动”体验方式（图2-9）。

灯罩的设计采用了标志性的外形，并赋予了其玻璃、陶瓷和金属的质感，其设计初衷并不仅仅只是一件科技产品，更是为了迎合人们对室内摆设物的个性化与情感需求。其个性之处还体现在该产品的控制面板设置在产品的内部，而非外部，从而使产品外观显得更为简洁，并能与卧室环境和谐融合而丝毫没有冲突与突兀感。开关按钮

图 2-9 Wake-up Light
（图片来源：http://vhmdesignfutures.com）

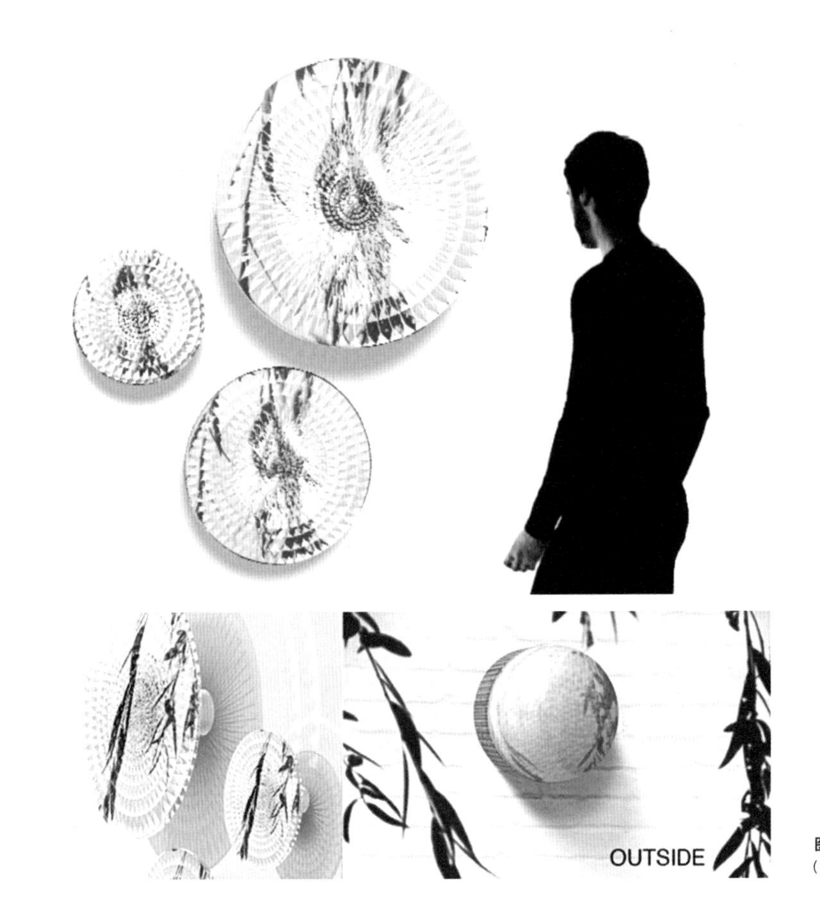

图 2-10 观景房（Room with a view）
（图片来源：http://vhmdesignfutures.com）

设计成长形的凸起，有金属质感，直观且易用。

研究表明，有窗户的空间环境能帮助患者更快速地恢复身体健康。因此，该观景房间传达了一种“互动”设计概念，使用光纤管道和光线的漫反射晶体将室外的动态照明传送到无窗的空间中，通过“交互式”户外环境的呈现带给室内用户更为人性化的体验（图2-10）。

Rise & Shine床头灯提供了一种愉快的苏醒和入睡的方式，光线与人们的“互动”变化，有助于人们以更自然清新并符合生理节奏的方式入睡或被唤醒。同时，Rise&Shine还可以帮助用户改善生物钟（图2-11）。

Fractal是一款使用了脉冲LED装置的服装，通过结合传感器来测量用户的运动及兴奋水平，此“互动”方式可改变服装内置的集成功能，同时也可感知用户情感，使服装成为身体的延伸部分。与传统裁剪服装不同，该设计结合了产品、材质、加工、工艺的过程，在传统服装功能的基础上，赋予了热量储存、结构支撑、防水抗压、人体控制等功能。这种思路开创了服装与产品设计结合的“混合”模式，探索了未来服装发展的新功能及可能性（图2-12）。

皮肤作为人体面积最大的器官，是人体的保护屏障，也是获取人体生理信号的最重要媒介。把先进的传感器放在皮肤表面，可采集到如生理电波、呼吸频率、体温、血压以及代谢活动等诸多信息，而这些数据不仅可用于日常健康监护和疾病追踪诊

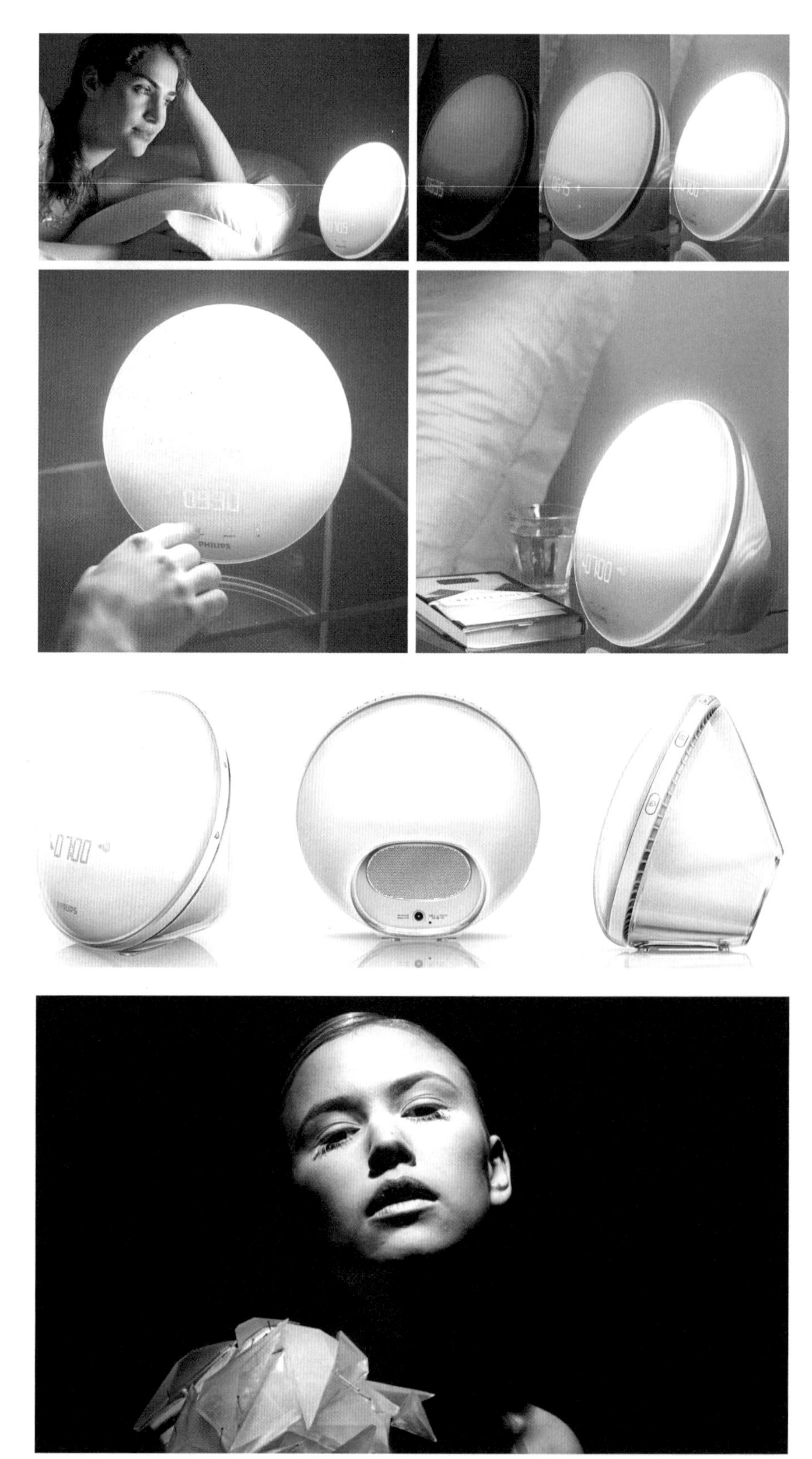

图 2-11　Rise & Shine 床头灯
（图片来源：http://vhmdesignfutures.com）

图 2-12　Fractal（Clive van Heerden 等设计）
（图片来源：http://vhmdesignfutures.com）

断，还可以实时监测运动效率和肌肉疲劳度。电子纹身（Electronics Tattoo）则是将具有视觉力量的传感技术应用于人体，通过视觉化的语言传递用户的个性和身份地位。图2-13中表现了纹身随着情侣之间感情的交流而发生“互动”变化的情景，体现了情感与美学的交融。

今年CES展商，Rotex展出了一款“智能纹身”，只要将薄如蝉翼的贴片贴到皮肤上，它就可以检测用户的身体数据。简单来说它就是个生物传感器，而且是目前世界上“最薄、最软、最轻”的生物传感器。

科技让食物说话，健康饮食的必备厨具——诊疗式厨房（The Diagnostic Kitchen）设计。往前推上个十几年，请朋友吃饭最后都得问一句：吃饱了吗？随着国民生活水平的不断提升，现在这句话顺应时代变成了：吃好了吗？这里的“好”可包含了两层意义：第一，味道是否好；第二，营养搭配是否好。科技的进步使得人们越来越重视生活的质量，其中，饮食标准是最为重要的体现之一。所饮用的食物营养含量如何？这个问题可能引起大家重视（图2-14）。

作为白色家电领军人物的飞利浦，在iF design awards中的一项设计告诉了我们答案。Diagnostic Kitchen能够显示即将下锅的食物所富含的营养成分，包括

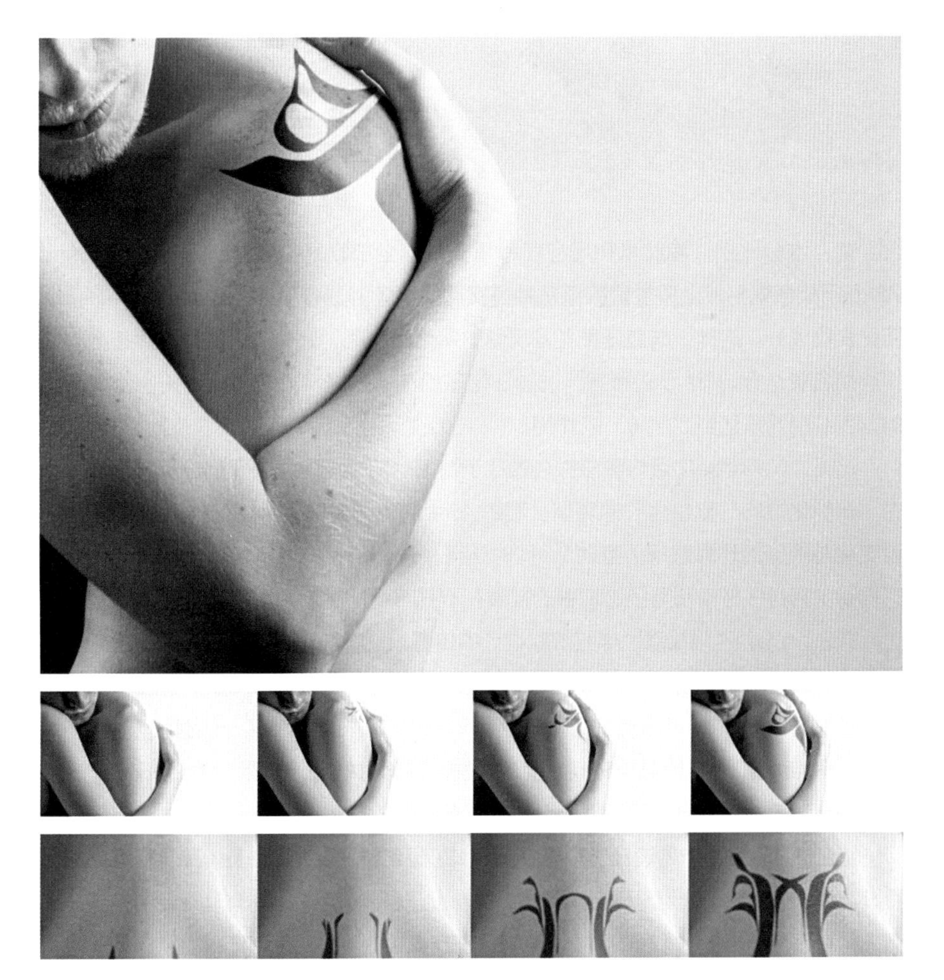

图 2-13　Electronics Tattoo
（图片来源：http://vhmdesignfutures.com）

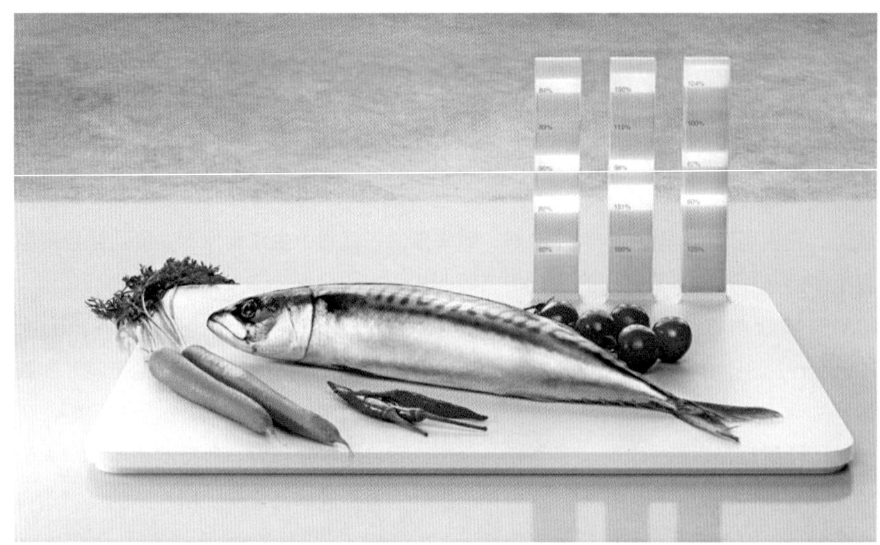

图 2–14 Diagnostic Kitchen
（图片来源：http://vhmdesignfutures.com）

含盐量、水分比例、脂肪量和蛋白质等重要指标全部囊括在内。此外，Diagnostic Kitchen能根据平板上所放置的菜蔬种类实时变更营养成分指标，根据个人代谢特征匹配食物成分。这样，高血压患者发现脂肪量超标的话，就能选择性的去掉些肥肉使得脂肪含量达标。“诊疗式厨房”试图在吃东西前就把好“入口”这道关，使用专门的营养监视器来达到“把关”的作用。

该 SKIN probe项目将敏感材料集成于情感感知领域中，从而实现了产品和技术由“智能化”向“敏感化”的转型。图2–15中的裙子展示了身体如何通过图样与颜色变化与周围的环境进行“互动”，同时还可预测使用者的情绪状态。此“互动”方式推动了高科技材料和电子纺织物的发展在皮肤与情感感知领域的应用。

图2–16是为“轻松赢”电脑游戏设计的传感器，由都柏林媒体实验室开发。该设计可以通过导电纺织物传感器测量“皮肤电反应信号”从而感应玩家的压力水平。游戏的目的是为了释放心情和缓解压力。目前其应用范围拓展至生活、保健及工作中。

心率监测胸罩是菲利普与耐克合作开发的“可穿戴”设计项目，也是第一个结合生物测定感应纺织品研究和开发的可穿戴设备（图2–17）。

综合上述案例，新的设计形态与专业门类总是不断地裂变、交叉、综合和重组。交互装置设计在产品设计范畴研究，无论从功能上还是体验上，都具有非常重要的意义。首先，社会在变化，技术在革新，互动媒体在产品设计中的应用是迫不及待的。作为产品设计本身就是一个将人的某种目的或需要转换为一个具体的物理形式或工具的过程，就是把一种计划、规划设想、问题解决的方法通过具体的载体以美好的形式表达出来的一种创造性活动过程。互动媒体应用于产品设计正好将交互装置引入作为这里所说的具体的载体。其“亲和”、“互动”与“可体验”的理念使产品设计拥有全新的思路，从而充分满足当代人多元化的需求，引导产品设计取得突破和创新。

图 2-15 SKIN probe（Clive van Heerden 等设计）（上）
（图片来源：http://vhmdesignfutures.com）

图 2-16 游戏传感器（左下）
（图片来源：http://vhmdesignfutures.com）

图 2-17 心率监测胸罩（右下）
（图片来源：http://vhmdesignfutures.com）

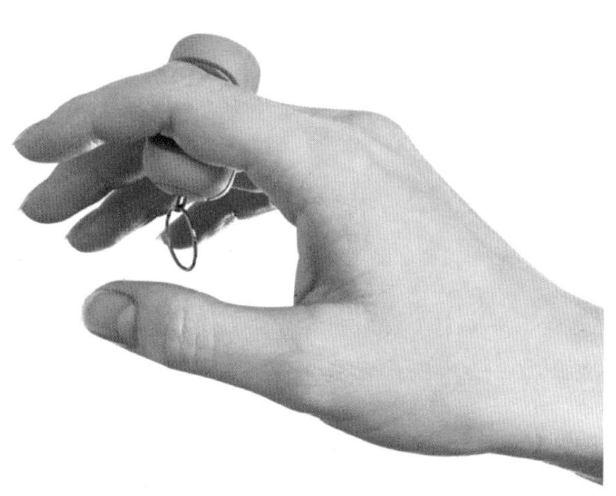

2.2 互动装置在产品设计中的应用研究前沿

交互装置设计在其他不同艺术设计领域中的应用，我们常称之为互动媒体的应用研究。目前世界上重要的机构包括：美国麻省理工学院（MIT）媒体实验室、日本东京ICC媒体艺术中心、德国ZKM科技媒体艺术中心、奥地利林兹Arts电子艺术节、荷兰V2媒体艺术中心等，它们的研究使得交互技术进一步提高。以下以美国麻省理工学院（MIT）、英国利兹大学和德国柏林大学为例，简述其研究现状。

2.2.1 美国麻省理工学院（MIT）玩具设计课堂

美国麻省理工大学院（MIT）最有趣的课堂——玩具产品设计，导师是机械工程专业的副教授Maria Yang。在2015年5月的课程作品展中，该课堂的学生们组成的团队经过一个学期的创意想象、草图设计到最终模型制作，呈现出一系列丰富多彩的、有趣的、富有想象力的作品。

其中，由号称“传染”的团队设计的作品——“容易传染的快乐”（Infectious fun），表现的是一件镶满LED灯的背心与黏合球之间的互动。玩家分成两组，每组球员的背心呈现不同的LED色彩，当球员被对方的黏合球击中时，该球员的背心会开始改变颜色；如果被击中三次，背心颜色将会被彻底转换为对方球员的颜色。当赛场上，所有的球员背心统一成一种颜色时，胜负就可见分晓，该游戏结束。这个互动玩具的设计运用触动传感器作为输入的感测单元，输出的回馈机制则是球员背心上的LED灯，颜色亮度的变化产生互动的效果。

玩具“打击方块”（Beat Blocks）中的方块被彩色编码，当基座被快速击打时，每一个方块会产生不同音效，如鼓声、贝斯声或一段旋律。触动传感器为信息输入单元，执行器则是各种音效，在和玩具的互动与玩耍过程，感受装置的诉语和体验它的个性。玩具“摇晃”“wobblit”是一个安装在中央枢纽上的圆形平台，彩色灯光照亮平台周围的边缘。玩家站在圆形平台上，当某方位的灯光亮起，玩家需要转移重心向平台上发光的方向倾斜身体，从而得分，如倾斜方向错误则失掉分数。平衡传感器的应用，带来了新的操作方式，人的身体和“wobblit”玩具之间自然地形成互动（图2-18）。

玩具“结构体”（Struct）是由一些的建筑体块组成。表面看起来虽是相同的立方体，但却有着不同的属性。有一些是具有磁性的，有一些是质量分布不均衡的，有

图2-18 “打击方块”（左），“摇晃”（右）
（图片来源：http://news.mit.edu/2015/toy-product-design-0513）

图2-19 结构体（左），易碎弹珠（右）
（图片来源：http://news.mit.edu/2015/toy-product-design-0513）

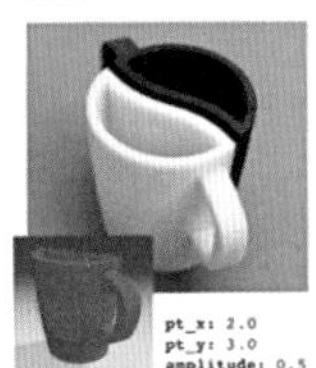

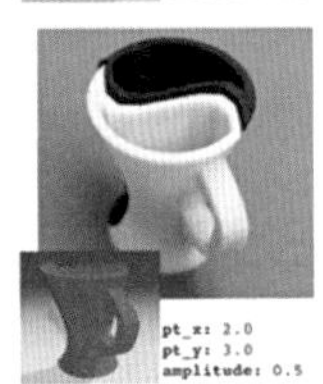

图2-20 自定义3D打印
（图片来源：http://news.mit.edu/2015/customizing-3-d-printing-0903）

一些是当你提起时会发出声音或振动的，还一些甚至会破裂，一分为二。团队成员解释说："你永远不知道它会带给你怎样的惊喜。"

玩具"易碎弹珠"（Marble Mayhem）是一个建设性的游戏，玩家通过增加或移除坡道使石珠跃过所有障碍到达目的地。Marble Mayhem游戏体块中的弹珠会根据人的互动参与而游走，到达终点则获胜（图2-19）。

2015年9月，麻省理工学院（MIT）和以色列荷兹利亚跨学科中心的研究人员共同设计研发了新自定义3D打印系统。虽然目前3D打印技术越来越普遍，但却不能用来设计作品。因为任何最简单的设计都需要设计专业知识与计算机辅助设计（CAD）应用知识，即便是专业设计人员，其设计过程也是非常耗时耗力的。该系统化繁为简，自动将CAD文件转化为视觉模型，用户只需移动Web页面的一个虚拟滑块就可实时修改。当设计满足了用户需求，只需点击打印按钮，便可将命令发送至3D打印机。这个工具能让新手在几分钟内完成专家需要好几个小时才能完成的设计工作（图2-20）。

2.2.2 英国的"为21世纪而设计的研究"

怎样利用我们的感官去激发出最好的设计？"设计想象"成为"为21世纪而设计研究项目"的关键词，该项目由英国国家工程与物理科学研究基金（EPSRC）与艺术与人文研究基金（AHRB）联合资助的。

利兹大学Calvin Taylor博士研究的设计与表现的课题《自然发生的物象》（The Emergent Objects），旨在研究并阐明表演与设计中的互动问题，该课题包含了

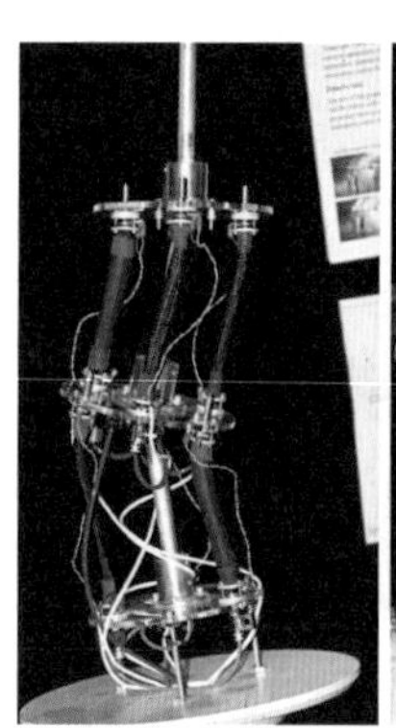

图 2-21 蛇（Snake），Neil McPhail 摄
（图片来源：http://www.emergentobjects.co.uk/）

三个子课题，每个子课题的研究成员是由来自各学术机构及专业领域的艺术家、设计师、舞蹈编导、表演研究者、计算机专家、机器人专家构成。通过表演，从不同的出发点研究人与技术客体之间的互动。子课题之一“蛇”（Snake）通过模拟表演，研究了设计对象（互动雕塑）与人之间的互动与响应程度。主要目的是设计雕塑与人之间的互动，从而激发出一个直接的、有形的、不言而喻的反应，而不是编造的、学会的反应。通过合适的传感器使用，这个互动雕塑与观者之间跳起了“双人舞”，反应现有的情绪以及暗示的或创造性的可替代的情绪，在实时的互动中，舞者与伙伴之间自然发生本能，即通过光线语言、夸张的空间动感等响应舞伴的动态（图2-21）。

“蜘蛛蟹”（SpiderCrab）和“食蚜蝇”（Hoverflies）是通过模型与表演设计开发的机器人。如图2-22、图2-23所示，机器人将成为空间环境和舞蹈者之间的多感官媒介。

2.2.3 柏林大学的E-motion交互服装设计研究项目

Emotion项目成员由来自柏林艺术大学（UdK）和时装纺织品设计研究所（IBT）的服装设计、产品和界面等设计专业的学生们组成。该项目涉及服装设计、艺术、科学和哲学等学科的交叉研究，通过其研究和作品展示未来服装的发展趋势与方向，例如具有通信设备功能的服装设计，不仅可以反映人体的内在情感，也可对外部环境的空间信息（温度、湿度、噪声等）作出回应。

如图2-24所示，“可变形的外套”通过抽象方块变形的方式反映了人的感觉，形状的微妙变化通过形状记忆合金完成。该项目的设计者Max Schäth将模块感以及折纸艺术的美感融入了外套的动态设计中。

Theresa Lusser设计的作品消.失（Dis.appear）是对可穿戴科技的应用，它巧妙地将服装设计融入了城市夜间照明景观设计中。如图，穿戴者静止时衣服将会发光，而当穿戴者行走时则会自动熄灭。其内置的集成加速度计会激活发光二极管，两个光线传感器控制亮度。

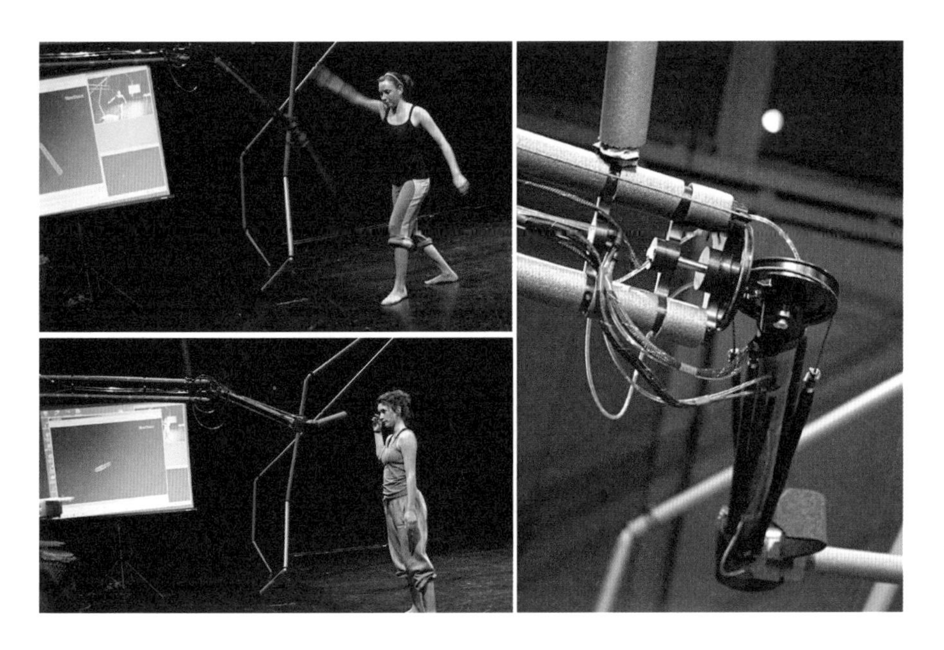

图 2-22 蜘蛛蟹（SpiderCrab），Neil McPhail 摄
（图片来源：http://www.emergentobjects.co.uk/）

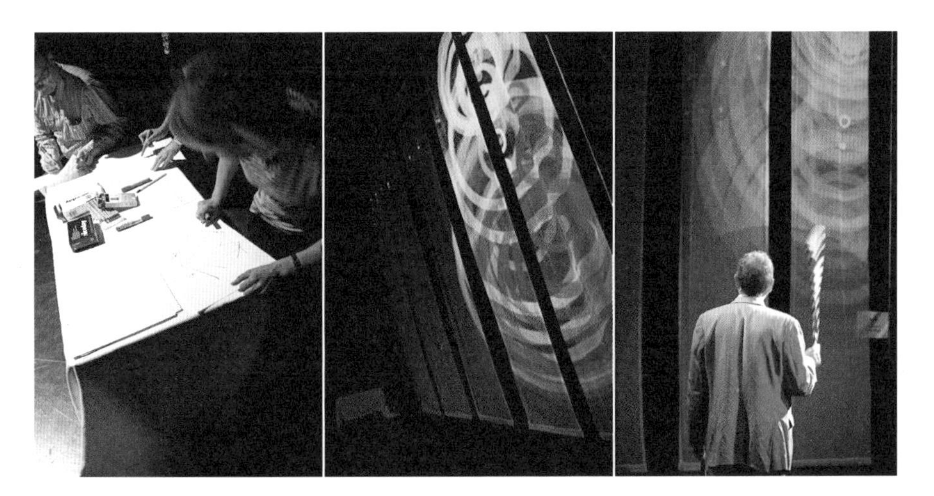

图 2-23 食蚜蝇（Hoverflies），Neil McPhail 摄
（图片来源：http://www.emergentobjects.co.uk/）

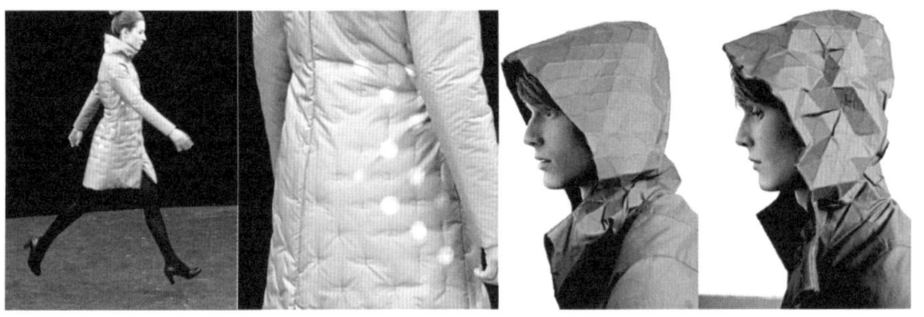

图 2-24 可变形的外套（左），消.失（右）
（图片来源：http://fashioningtech.com/profiles/blogs/interactive-fashion-gets）

3 装置性产品设计的主要创作手法与理念

3.1 动态式设计

相对于静止的物体，具有动态表现的物体能更容易引起人们的注意。艺术与科学的结合，使产品设计不断出现新的表达方式，其中最引人注目的就是设计具有了“动”的要素。装置性产品的“动态式设计”，就是在设计造型语言及观念中，导入“动态”要素。通过诸如对“动”、“风”、“光”以及“时间”等构成要素的利用打破传统产品的静态存在形式，让产品随着时间和空间的改变呈现出不同的形式和内容，激发出人的兴奋、激动、奇妙的审美情感与过程体验。

3.1.1 运用可变结构产生的动态设计

通过可移动、可组合以及具有活动机制的结构设计，使设施具有运动和变化的功能。

（1）可移动设计

产品的可移动设计，顾名思义就是对其可变性最为形象的呈现。使用者可以根据需要，利用设施可移动的构造结构和方法，根据不同的使用需求调整到不同的形态，从而形成新的功能使用关系。

荷兰鹿特丹舒乌伯格广场（Schouwburgplein）上的四座高度超过35米的红色水压式柱灯，高大的红色发光柱灯会随着人们对其机械臂随心所欲的操控呈现出不同的变化姿态，从而使灯柱形成不同的高度、方向与位置并照亮广场的不同部位，让广场时刻都呈现不同的面貌，强化了人们的参与性与广场的变化性。另外，广场上人们活动的情景被隐藏式摄像机捕捉并实时投射到建筑外墙上的白色组合式荧幕上。因此舒乌伯格广场的气氛是互动式的，同时也处在一个不断变化的状态之中。居民们在此环境中休憩、娱乐也不断地更新着自己生活的画面（图3-1）。

图 3-1　舒乌伯格广场的红色灯柱（West8 设计）
（图片来源：http://www.west8.nl/cn/projects/civic_spaces/schouwburgplein/）

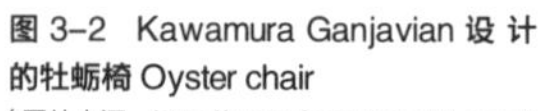

图 3-2　Kawamura Ganjavian 设计的牡蛎椅 Oyster chair
（图片来源：http://www.fromupnorth.com/productindustrial-design-inspiration-1093/）

如图3-2是马德里的Kawamura Ganjavian设计工作室推出的舒适时尚的现代家居，当此椅子打开时可成为一个非常舒适的“私人避难所”，而折叠时可以充当小小的靠垫。可移动变化性的特征使得使用者的行为与需求成为产品设计的一部分，同时人的行为成就了产品形态的多样性。

由Bina Baitel打造的可随意卷起的recto-verso系列灯具，将oled技术与纳米技术结合在一起。把发光薄片设置在一个可翻转卷起的皮革质保护套中。只需简单调整，使用者便可根据要求营造多种不同的照明氛围。当发光部件全部朝向外侧时，明亮的灯光瞬间就照亮了整个空间，而当将组件朝内卷使用时，recto-verso灯具则会放出温和分散的光线。利用灯具可移动的构造结构，根据不同的使用需求调整到不同的形态，从而形成新的功能使用关系（图3-3）。

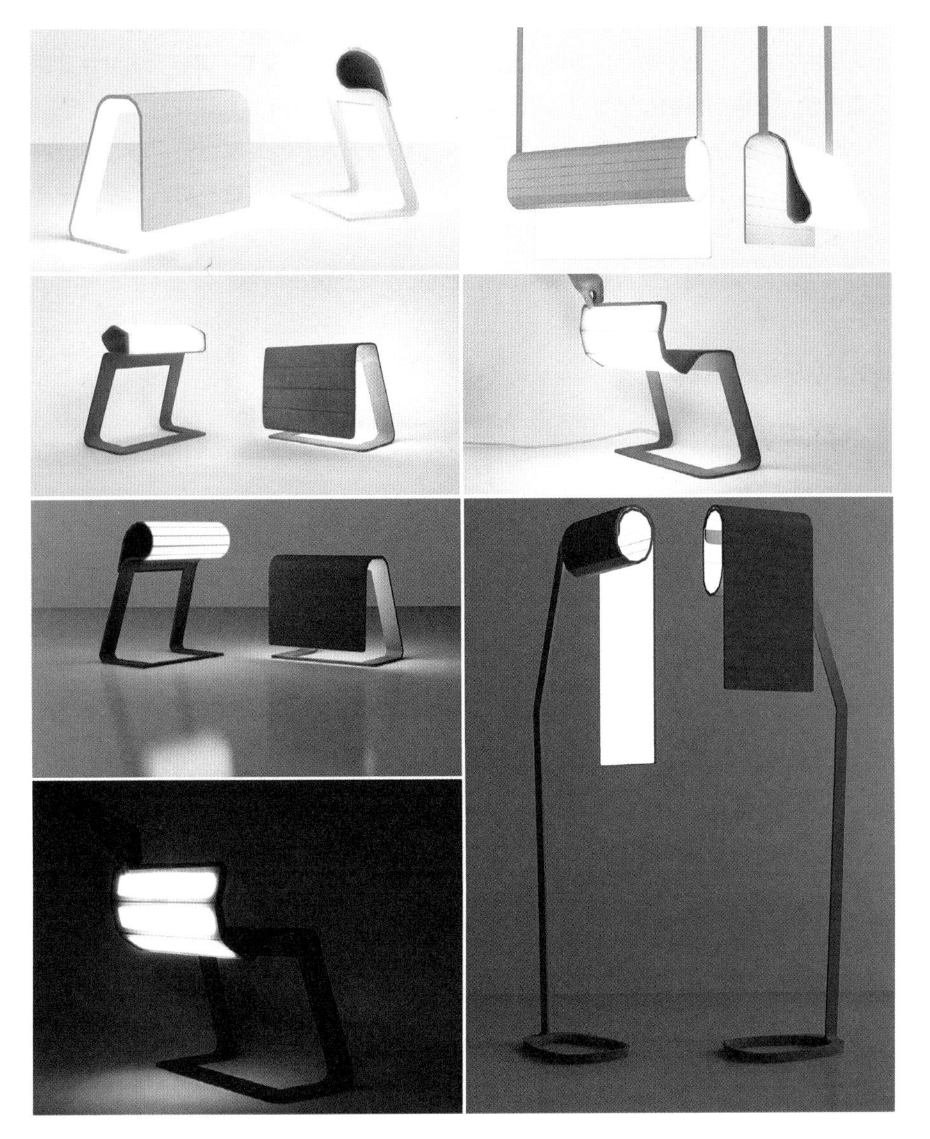

图 3-3 可随意卷起的 recto-verso 系列灯具
（图片来源：http://www.xiankankan.com/index.php/archives/31464）

随着数字信息时代的发展，产品设计融入可变的结构及造型，从而将人的参与互动性在设计中更淋漓尽致地体现出来。运用可变结构产生的动态设计也使产品包装从平面化、静态化向动态化、综合化转变。消费者对产品包装的需求也不再局限于质量、环保、美观、使用等层面等作用上，希望产品的包装不仅能承载传统的包装功能，更能给消费者带来信息与互动体验。这款交互式红酒包装设计突破了传统的红酒包装信息传达的局限性，满足了消费者的可参与及渴望体验的需求，让使用者在挤压出最后一滴红酒的过程中体验到参与的满足感与愉悦感（图3-4）。

现代产品包装面临资源与环境保护问题，如何寻找新的设计方法走可持续发展之路是摆在设计人员面前的问题。如下的互动包装设计案例可给我们一些启示，如图衣服的包装在满足了基本的产品包裹的需求后，设计者运用可变结构产生的动态设计，巧妙构思，变废为宝，赋予衣服新的活力与生命（图3-5）。

应该说现代社会生活离不开包装，反之包装的发展不仅反映了时代的发展，而且也在深刻地影响和改变着现代生活。这一系列的互动包装设计的核心在于强调人与产品之间的互动。如图3-6，儿童产品包装通过人为的调整和改造，可变为各种生动的动画形象。有趣的食物包装可以成为进餐者的生活调剂，从而增加趣味性（图3-7）。

Sassafras是一个厨房和家居用品品牌，致力于为家庭开发创新，精心设计产品，关注孩子。烘焙包的尺寸减少了50%，并使用100%回收纸板材料。包装使用最少量的材料，并优化了内部和外部的空间。内部显示每个产品的烘焙指南，因此外部包装可以再次利用。交互式包装可以变成儿童喜爱的俏皮动物的帽子（图3-8）。

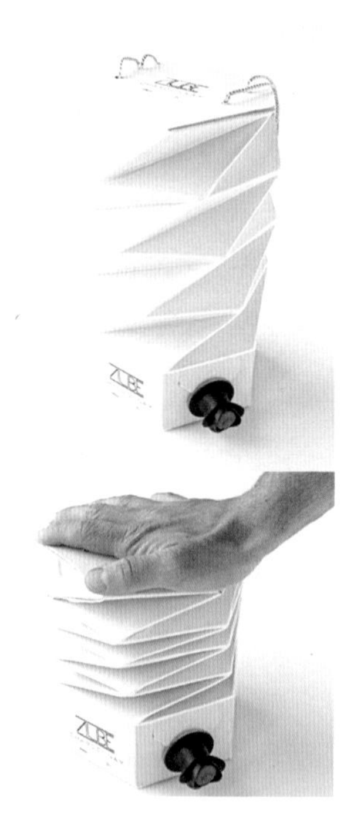

图 3-4 可挤压的红酒的包装设计
（图片来源：http://www.boredpanda.com/interactive-product-packaging-design/）

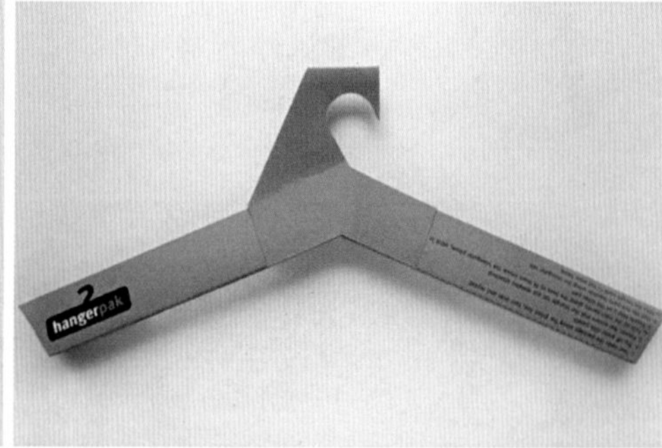

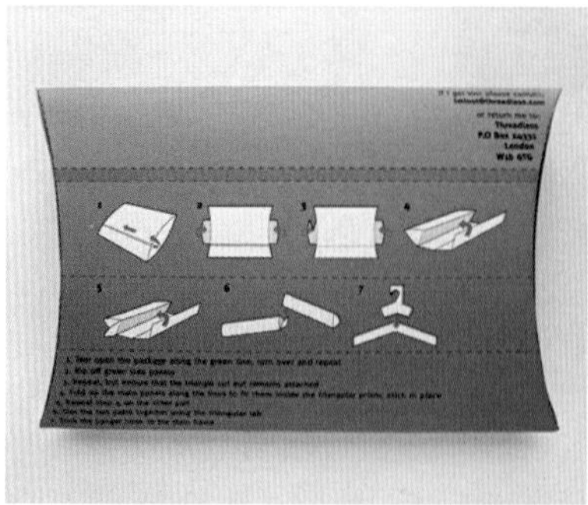

图 3-5 包装变成了衣架（Steve Haslip设计）
（图片来源：http://www.boredpanda.com/interactive-product-packaging-design/）

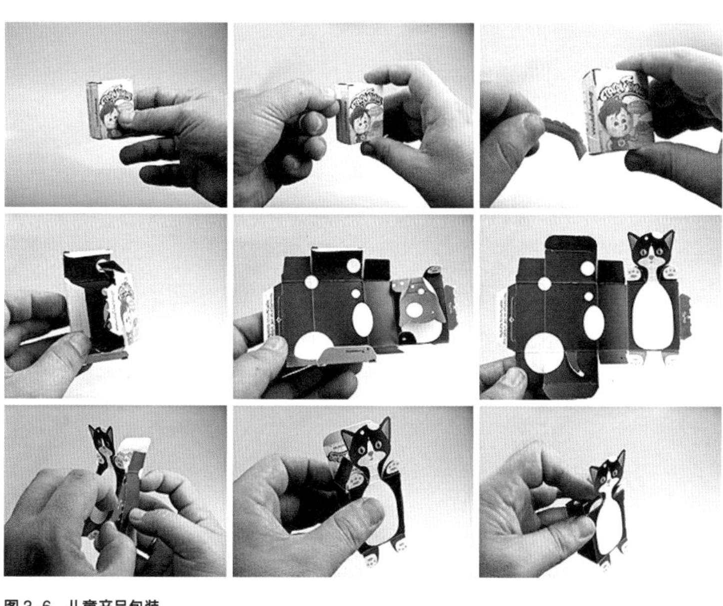

图 3-6　儿童产品包装
（图片来源：http://www.boredpanda.com/interactive-product-packaging-design/）

图 3-7　包装变成了盘子
（图片来源：http://www.boredpanda.com/interactive-product-packaging-design/）

图 3-8　Sassafras 烘焙套装
（图片来源：https://www.behance.net/gallery/974363/Sassafras-Baking-Kits）

（2）可组合设计

可组合指由多个可以被拆分、组装的产品模块根据环境的不同以及不同的功能需求以多种组合方式装配在一起。因其没有固定的模式，所以具有灵活的可变性和功能的复合性。

“谷歌积木手机”（ Project Ara ）作为一种全新的全模块化智能电话，从零件配置到主题风格都给了用户自由选择的权利，其每一个零部件都可以单独升级或修复。与主流智能手机相比，它的特别之处在于用户可根据不同的模块组合出多种功能。屏幕、听筒、摄像头、接口、电池等8个模块（后续还有更多模块开放）通过电控永磁的方式吸附在主框架上。手机可以在运行状态下进行模块替换，比如当用户发现一块电池快耗尽了，可以有30秒左右的时间热插拔换上另外一块。可组合、可拆分、可组装的性能使产品变得丰富多样、富有创意。产品模块用户还可以将喜欢的照片印在手机背面，进一步扩大个性化定制。这种灵活的使用功能、使用方式带给了产品更多的可能性，给使用者留下了独特的体验经历（图3-9）。

图 3-9　谷歌积木手机
（图片来源：http://mobile.zol.com.cn/447/4475644.html）

图 3-10　INTERACTIVE WINE BOTTLE DESIGNS
（图片来源：https://www.behance.net/gallery/2228164/Finca-de-la-Rica）

互动红酒瓶“El Buscador”，“ElGu í a”和“ElN ó mada”是根据休闲概念设计的三种葡萄酒。包装专注于放松和快乐的时刻，通过富有趣味性和原创性的标签设计，邀请消费者直接参与瓶身的互动游戏，完成谜题解密（图3-10）。

Gawatt Emotions包装设计是在咖啡店的风格中创造了个性不同的卡通造型，用户通过自己的组装产生个性化的头像（图3-11）。

3.1.2 应用互动技术产生的动态设计

在现代信息社会中，各种光电媒体艺术的表现形式异常丰富，其具有多元化的艺术表现能力以及动态的体验效果，不仅能够增强产品感染力也能激发参与者情感上的互动，满足了装置性产品设计关注体验性的设计要求。

在2012年美国芝加哥办公家具展NeoCon中，美国的设计工作室NunoErin推出了俏皮的互动感官家具系列。该公司旨在将互动装置技术融入到所有的日常用品中，如图3-15所示，“闪耀桌”（sparkle table）与“菱形椅”（diamond bench）是利用灯光与人们的感官互动，此类“响应式家具”（responsive furniture）通过动态的感官体验反映人体内的电场。当轻轻触摸产品时，产品会散发出迷人的彩灯与微光回应你的手指，激发用户再去触摸和探索的欲望。半透明的固体桌面表达了简练的风格（图3-12）。

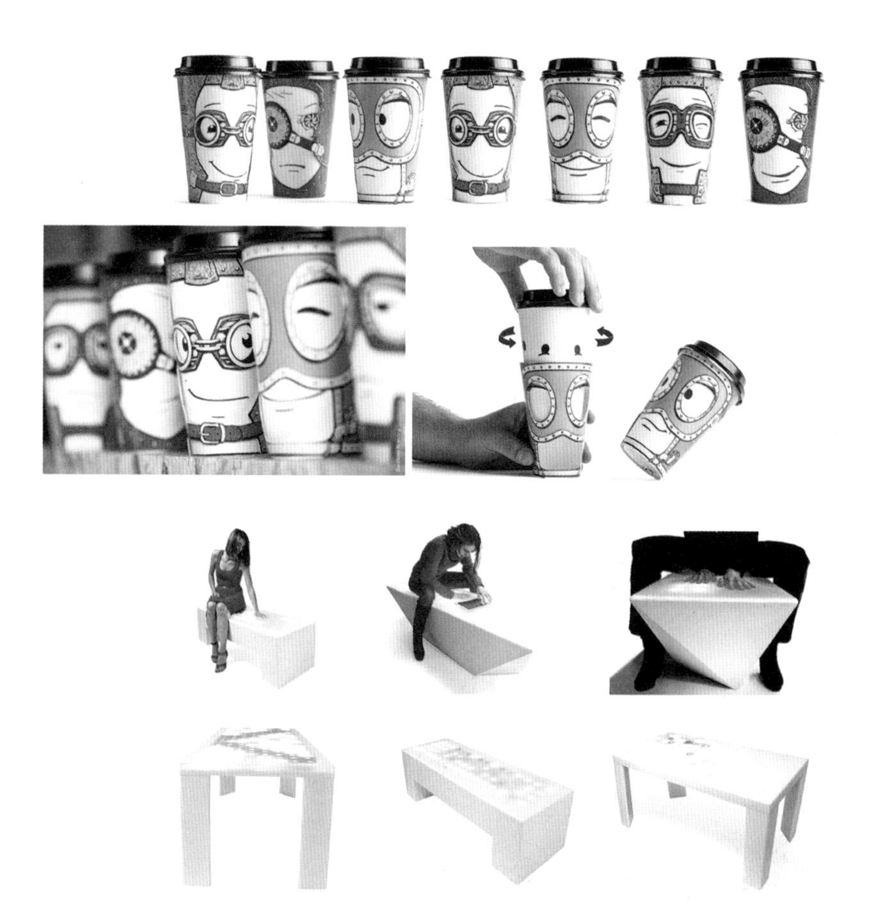

图 3-11 Gawatt Emotions
（图片来源：http://www.backbonebranding.com/works/gawatt-emotions/）

图 3-12 闪耀桌与菱形椅
（图片来原：http://www.designboom.com/readers/nunoerin-interactive-light-collection/）

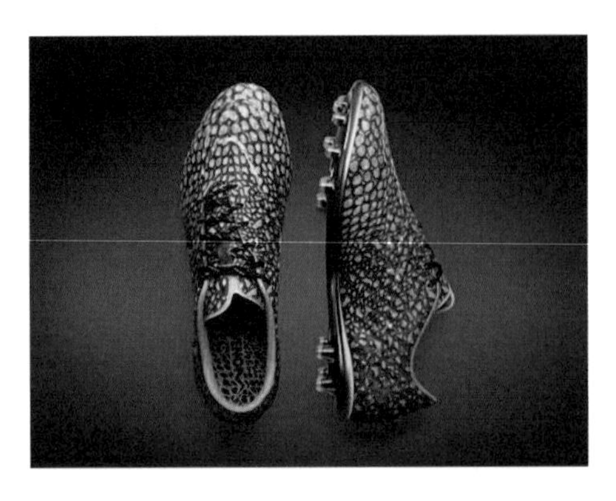

图 3-13 会变色的足球鞋
（图片来源：http://www.xiankankan.com/index.php/archives/31531#more-31531）

耐克发布的一款会变色的足球鞋——耐克毒锋（Phantom Transform SE），设计师在鞋面上使用了特殊的黑色热感材质，此种材质遇热后可变色。球员在场上积极的奔跑会让鞋内腔温度升高，随着温度升高鞋身也由黑色转变成亮眼的橙色斑点。然而当运动员脱下球鞋，随着鞋腔内温度稳定降低，球鞋外表面又会迅速变回全黑色（图3-13）。

设计者Kirk Mueller利用arduino微控制器和导电油墨设计的装饰性的丝网印墙面，使原本静止的墙面顿时具有了活力，墙壁根据人的手指碰触移动而不断改变形态和颜色。这种互动装置性产品为使用者提供兼有身体感官体验和艺术体验的感受（图3-14）。

如图3-15，这款智能切菜板虽然看上去体积不大，但是却有着丰富的功能。首先，它是一台高灵敏度的称重秤，可以准确测量食材的重量，方便用户进行烹饪。而其最大的功能，是当食物放置到智能切菜板上之后，可以通过客户端扫描食物，这样智能切菜板就可以根据重量来感应食物的一些基本信息，比如热量、蛋白质等。对于关注饮食健康的用户来说，显得尤为重要。值得一提的是，如果是在美国市场中购买的食物，用户甚至只需要扫描包装上的条形码，就可以自动确定重量，提供更为精准的检测结果。

图 3-14 Kirk Mueller 设计的互动墙面
（图片来源：http://fashioningtech.com/profiles/blogs/interactive-wallpaper-using）

图 3–15　切菜板
（图片来源：http://imgur.com/gallery/8nEUD）

3.2　多感官设计

全球化时代带来了全方位的交流与互动，这使我们生活中的某些物质功能被某些非物质功能所取代或削弱。人们可以通过更广泛、更全面的途径去接受信息、相互沟通、感知世界。这些都预示着人类正从单纯的视觉时代走向复合感官的互动时代。复合感官原则要求在互动体验中充分调动观众眼、耳，甚至包括嗅觉、触觉方面的感官体验。

装置性产品的“多感官设计”，即是指设计师从人体感官的视觉、听觉、味觉、嗅觉及触感入手，全方位、多层次地激发观者的感官技能，并针对各种感官的接受特点进行个性化设计的观点和理念。

3.2.1　冲击性的视觉表达设计

视觉是所有感官的主导，它给人们传达着最直观的环境信息。如图，澳大利亚ENESS艺术与设计工作室的设计师在墨尔本联邦广场设计了一款新奇有趣的灯光跷跷板（Light Seesaw），使人能在亲切熟悉的童年跷跷板上戏耍一番，并探索这世间的力量与物体。爬上跷跷板，看看在月球上乒乓球是如何弹跳的，气球又是如何在酸奶中涉水而过的。用户可以选择物体的周边环境——空气、水、空间，甚至是酸奶，也可以在下降时观察到闪光的球体。设计师为跷跷板配备了物理引擎和33排小灯，灯光亮度会根据用户翘起的高度进行相应的变化（图3–16）。

互动云灯（Interactive Cloud Lamp）会将夏日风暴中的雷声带到你的客厅。这个由Richard Clarkson的跨学科设计工作室制作的精彩的互动视听产品，“云”雷电灯和扬声器系统看起来像一个锁链上的雨云，甚至可以与人和周围的声音进行交互（图3–17）。

图 3–16　灯光跷跷板
（图片来源：http://www.eness.com/i.php?r=Project&c=&p=32）

图 3–17　互动云灯 Interactive Cloud Lamp（Richard Clarkson 设计）
（图片来源：http://www.richardclarkson.com/cloud/）

图 3-18 CLOUD 遥控器（Richard Clarkson 设计）（左）
（图片来源：http://www.richardclarkson.com/cloud/）

图 3-19 置入CLOUD 中的 Arduino 微型控制器（Richard Clarkson 设计）（右）
（图片来源：http://www.richardclarkson.com/cloud/）

这个智能小创意灯运用了灯光、运动传感器、麦克风和强大的扬声器系统。用户可通过遥控器将其设置为不同的模式（图3-18），让它像一个简单的雷云，或响应其周围的运动，或响应它听到的声音或音乐。云朵的外形使观者产生看云的幻觉。

整个设计由Arduino控制，触发嵌入式运动传感器从而产生闪电、雷声以及音乐激活的可视化扬声器（图3-19），是一个旨在模仿雷云外观的交互式灯和扬声器系统，同时提供娱乐价值和鼓舞人心的敬畏。这是一种魔法，不是基于幻觉和诡计，而是基于传感器和代码。此产品拥有强大的扬声器系统，云端可兼容任何蓝牙设备播放音乐，并可以适应任何所需的照明、颜色和亮度。

3.2.2 听觉体验表达

人类从外界获得的信息约10%来自于听觉器官。因此，听觉是除视觉外最重要的信息获取渠道。在设计中通过对声音要素的运用，或把声音作为一个有机组成部分，这种方式给产品设计带来了新的设计途径和思考方式。

（1）在产品设计中融入发声装置

如21架秋千（21 Swings）组成的音乐设施将城市家具转变为大型创意设施，从而激发出公共空间的作用。该项目是位于加拿大蒙特利尔的一段170米的狭长地带，无人问津多年，将该区的主要的音乐综合体和知名的科学学院分割成毫无关联的两部分。设计团队的目标在于赋予这一废弃场地新的参观趣味，希望创造一个日夜共享的娱乐互动，满足当地艺术工作者、科研人员以及普通大众的共同需求。融入发声装置的音乐综合体激发了设计团队的灵感，他们将音乐演奏巧妙地加入设计中，同时设计团队与科学学院的教授密切合作，保证项目理念贴合周围的科学氛围（图3-20）。

秋千具有趣味性，简单易懂的玩法能够自然地吸引人们的注意。此外，秋千富有怀旧情怀，令人回忆起童年时光。每一个秋千代表了钢琴、竖琴、吉他、电颤琴中的某一样乐器，当秋千来回荡漾，便会发出声音。不同的秋千具有独特的颜色代码，易于识别。参与者能够尝试代表不同乐器的秋千，演绎各不相同的乐章。

互动声音给予了使用者合作行为充分的激励和回报，而成熟的娱乐装置产品在带来欢乐的同时，需要更高层次的合作，如果数个秋千一起摇晃，并保持统一的节奏，将演奏出更加复杂的旋律。设计团队与作曲家定制了交互曲目，从而保证任何人在荡秋千的过程当中都能够发出悦耳的音乐。曲目录来自真实的乐器演奏，确保现场音乐的质量。秋千迅速得到人们的认可，并广受欢迎。这种创作音乐的特殊方式激起了人们游玩和体验的兴趣，也增进了人们之间的交流，人们惊喜地发现原来用自己的身体也可以演奏音乐，路人之间对话也此起彼伏。

图 3-20　蒙特利尔的 21 Swings（Daily Tous Les Jous 设计）
（图片来源：http://www.dailytouslesjours.com/project/21-balancoires/）

自2011年起，21架秋千便作为蒙特利尔的春天仪式，成为城市的一部分。最为重要的是，这一互动装置城市家具产品让人们产生对公共场所的归属感，它们是属于每一个人的秋千。此外21架秋千获得2013年交互设计大奖的总冠军，大奖主席史蒂夫·巴蒂阐述了秋千如何改进了城市生活质量，“21架秋千对社会场所的意义颇丰，在当今的城市社会，我们被人群包围，却依旧感觉孤独，然而互动设计以意想不到的方式，将人们联系在一起”。

再如波兰华沙的“肖邦音乐长椅”，这些室外长椅被放置在肖邦曾经生活或者活动的地方，长椅表面上刻有肖邦在华沙的生活轨迹，并用波兰语和英语作了简单介绍。长椅内部则被安装了多媒体音乐播放器，游客只要按下播放键，就能在休息的同时聆听到肖邦经典的钢琴作品片段（图3-21）。

南京地铁二号线学则路站“最吸引人的楼梯”，台阶按照钢琴键盘进行排列，被包装成了一个大型的钢琴键盘，其中一段的18个台阶边装有感应装置，当有人经过时，台阶就会发出悦耳的钢琴声。人们可以根据音符的变化，踏出比较简单的音乐。台阶踏板的发生装置，主要由踏板架体、置于架体内的弹性填充板和主板组成，弹性填充板和主板按从上至下的顺序填充设置于踏板架体内部。这种装置性产品以一种充满趣味的方式，让人们在走楼梯的过程中利用自己的重力发出声音，减少攀爬楼梯的枯燥、乏味感，以此鼓励人们少乘电梯，多走楼梯，以便节约电梯的能耗和增加电梯的使用寿命，更能使自己的身体得到锻炼（图3-22）。

这种将声音装置融入产品设计的方式使传统的楼梯设施焕发出新的活力，在实现与使用者互动的同时，也以新的微妙方式重新定义了其功能价值。

（2）将声音元素融入设计中

如图3-23中的“音响花园”，所有的设计都围绕着声音展开，孩子们通过寓教于乐的方式了解了声音的反射、回声等现象。如花园中的铜鼓桌、鼓凳、回声装置等，因为利用了声音的原理，他们既是孩子们的桌子、坐凳、游戏设施，同时也是乐

图 3-21　肖邦音乐长椅（左上）
（图片来源：http://blog.sina.com.cn/s/blog_4ee5029e0100mci0.html）

图 3-22　最吸引人的楼梯（右）
（图片来源：http://tieba.baidu.com/p/1062306074）

图 3-23　回声管 Echo Tube（左下）
（图片来源：http://www.claudiaschleyer.com/welios）

器，可以用来演奏不同的音乐。音响花园创造性地以声音为主题定义了一个独特的游戏和休憩空间。

图3-24中的“水的管风琴长笛”（hydraulophone）设施融合复杂的和鼓舞人心的艺术元素，吸引了各个年龄层的人，不仅仅是孩子。手指在喷射的水柱上游走体验音乐和节拍，将声音与触感融入设计，即使在寒冷的秋冬季，当地的人们仍然会被hydraulophone吸引。

3.2.3 触觉体验表达

用触摸来传达情感是人类本能，因此，触觉可以称为是人类意识的门户。对于触觉体验的表达主要体现在对于材料语言、观念和情感的挖掘以及对非常规材料的创新运用。

图 3-24 水的管风琴长笛（hydraulophone）
（图片来源：http://readingcities.com/index.php/toronto/C88/P4/）

日本产品设计师原研哉采用白色纯棉布料为梅田妇产医院设计的标识系统，是利用触觉进行信息构筑的成功案例。用轻柔、舒适、温暖的白棉布作为指示标识设计，一方面，柔化了视觉空间，产生了亲和力，降低了人们对医院的紧张感；另一方面，选择不耐脏的白色棉布也向人们传递出医院的洁净意识（图3–25）。

如图3–26，英国皇家美术学院的毕业生Eunhee Jo作品——音乐触觉扬声器，由织物做成的控制面板和扬声器构成。触感织物扬声器（TTI）的控制面板被嵌入帆布表层。当按压织物表面时，用户可以跳过曲目、调节音量或选择声音均衡器。另一方面，扬声器的表面随着音乐的节拍有规律地跳动，根据控制面板上的选择而进行身体上的回应。此设计的目的是为了重新定义“表皮”在未来生活中的角色，从而探讨如何将“表皮”融入产品与环境设计中。互动技术赋予普通的界面新的功能与新的可能性，根据设计的需要与物体的融合，互动“表皮”使日常产品拥有更多的功能与乐

图 3–25　原研哉，梅田医院视觉指示系统
（图片来源：http://www.ad518.com/article/2011/09/3026.shtml）

图 3-26 触感织物扬声器
（图片来源：http://www.designboom.com/technology/surface-matters-tactile-audio-lighting-exhibition-by-eun-hee-jo/）

趣。TTI是一种全新的、灵活的嵌入式触摸表面声音系统，通过控制产品的表面物理形态，使人们身体的触摸和感觉发生反应。

噪声互动海报（NOISY INTERACTIVE POSTER）通过泡泡包装纸、描图纸、铁片等不同材质的触感，产生不同的情感反应，这种具有亲和力的设计让海报不再固定于平面的视觉形象，而是有了新的可能性，通过恰当地应用材质的个性特点，给人们带来了新的触觉感官体验，有助于对使用进行心理上有效的调整，从而产生情感上

图 3-27　噪声互动海报
（图片来源：http://www.feeldesain.com/noisy-interactive-poster-poster-sonori-interattivi.html）

图 3-28　音乐可以触摸到吗?
（图片来源：http://www.spicytec.com/2011/05/music-can-be-touched.html）

的认同（图3-27）。

设计师Jackson McConnell设计出一款可以触摸音乐的扬声器，产品接受音乐后呈现出波状起伏的形态，可以帮助有听力障碍的人们从另一个角度享受音乐的美好（图3-28）。

玻璃屋灯具的设计旨在满足都市厨房对新鲜草本植物的需求。它的设计灵感来自植物的生长，草本植物种植在玻璃灯内壁的沟槽中，在灯具中央底部有一开口。此开口不仅有助于拿取草本植物，还能确保充分的通风增强自然小气候。所有这一切基本上是利用灯泡剩余浪费的热量，可通过触摸灯具上方的调光器调节灯泡（图3-29）。

图3-29　玻璃屋灯具（Jaroslav Kvíz摄）
（图片来源：http://www.krikri.cz/index.php/projects/sklenik/）

3.2.4 嗅觉体验表达

嗅觉作为设计信息表达的手段，在人的印象记忆中保留最持久，超过其他的感觉。产品设计中的嗅觉体验表达主要是利用气味这一媒介使人与产品进行交流，借助作品散发出的气味来吸引用户关注，触动用户的心灵，加深印象。

Yasuaki Kakehi设计的作品“hanahana”。这个带有双重意义的名字，来源于日文，“hana”既代表了“鼻子”这一感受敏锐的器官，又包含有“花”的意思，无疑这是与“嗅觉”与“气味”有关的设计。古时候，人类利用气味来收集信息，人们会根据气味来判断天气情况，或者在狩猎中判断猎物的位置。气味还是唤起人们记忆的重要因素之一。但气味又极易根据环境因素改变，人们一直试图用各种手段将气味这种只能通过嗅觉去体验的感觉转移到其他感官体验中去，比如用色彩和音乐来表现气味。“hanahana”正是出于这一目的。它不是靠触摸或是声音识别的，而是靠香味。每个虚拟花有一种可以识别不同香味的接收器。只要参与者用带有香味的树叶状纸片给电子花“授粉”。它判断不同的味道，会展开不同的形状和颜色，来吸引动画蜂鸟或蝴蝶（图3-30）。

挪威女艺术家图拉斯（Sissel Tolaas）是一位气味研究艺术家，专门研究关于气味和人体接触的交流。在“九种畏惧”作品中图拉斯找了20个来自不同地方、不同背景的男性，用一个专门制作的微小型电子设备，随时随地记录这些男人收到畏惧时产生的汗液，把这些收集的汗分子进行加工，再混合成一种涂料刷到墙上，以此来表达一种畏惧的概念。图拉斯这一具有行为艺术特征的创作其实是想要创造一种新的交流方式，突破视觉，让气味和鼻子来进行交流，这是很真实的存在。这样的艺术观念给人们提供了新的设计思路，图3-31为图拉斯的气味实验室。

Jane Hutton和Adrian Blackwell 设计的户外产品“节能睡眠”（DYMAXION SLEEP）是由20个三角钢架构成的网状支撑面组成，结构下方是一片种植着薄荷、柠檬、天竺葵、薰衣草等可促进舒缓放松的芳香类植物。设计师的用意是让这些悬浮在半空中的网状结构提供给人们一个有着嗅觉体验的芳香休憩领域，无人使用时可以卷曲成一体（图3-32）。

3.3 情感体验设计

情感体验是指个人对于一件事的真实感觉、体会，如愤怒、生气、喜欢、悲哀、高兴等情感反应和情感经验。情感体验是靠观众在欣赏艺术作品或者对待一件事物的

图3-30 hanahana
（图片来源：http://www.icax.org/article-6763-1.html）

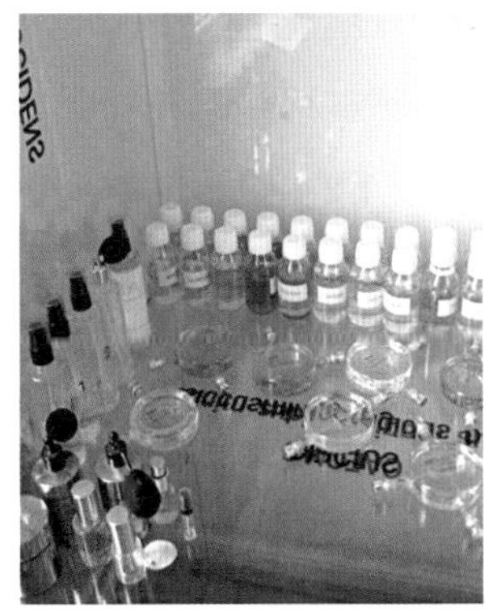

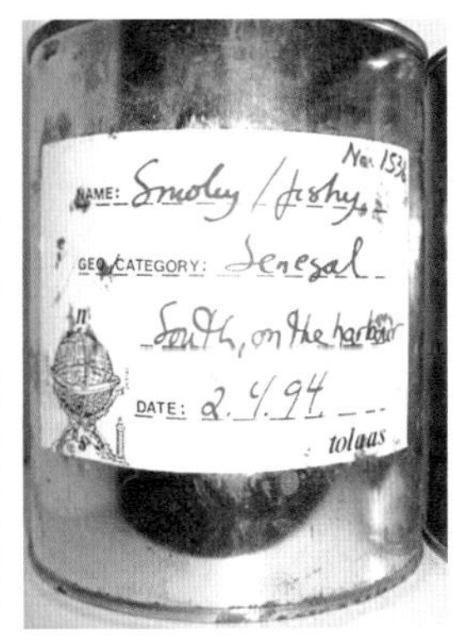

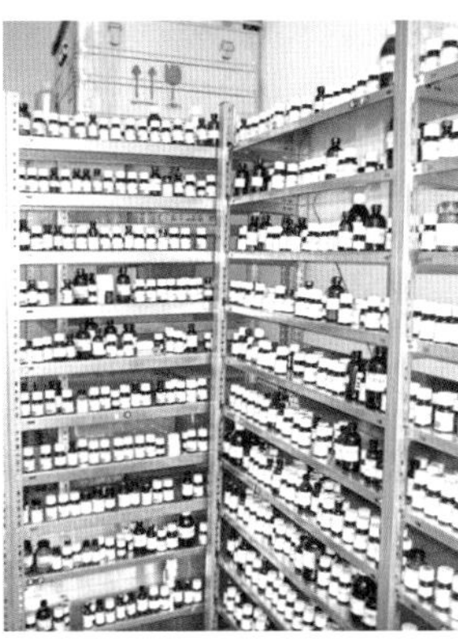
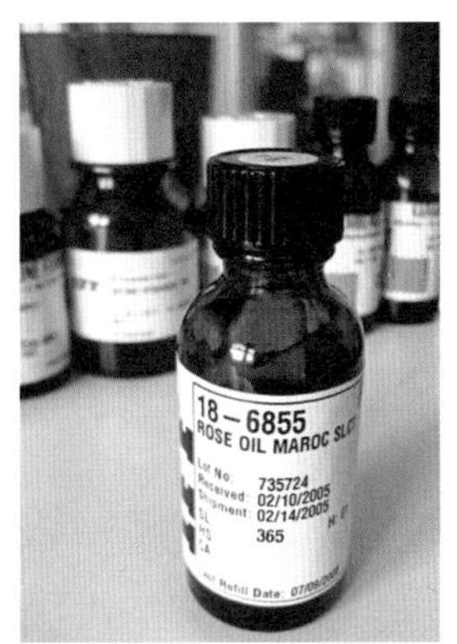

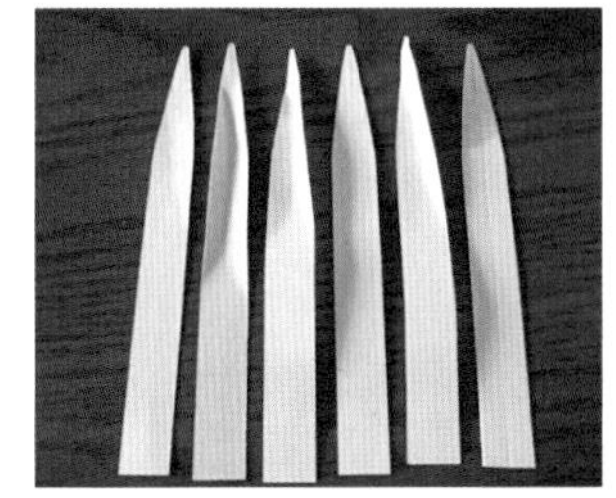
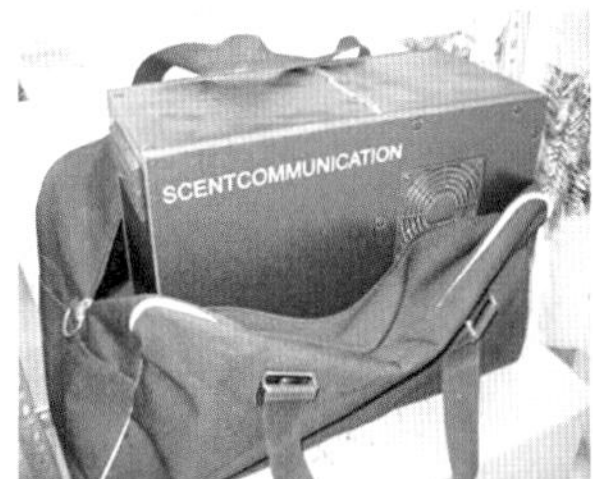

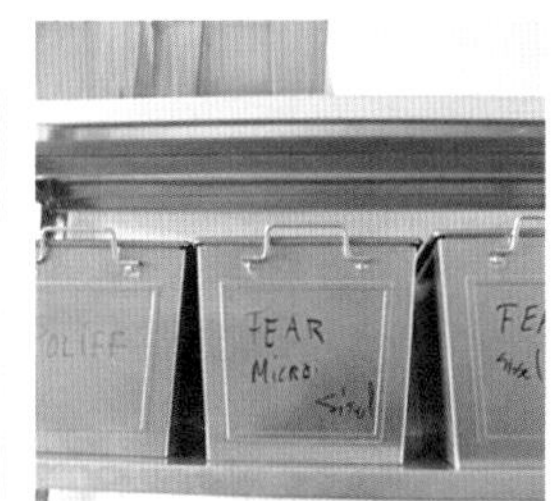

图 3-31 气味实验室

（图片来源：http://www.sightunseen.com/2009/11/sissel-tolaas-scent-expert/）

图 3-32 节能睡眠（DYMAXION SLEEP）

（图片来源：https://laud8.wordpress.com/2012/06/17/dymaxion-sleep-curled-up/）

过程中必须做到“潜心体验”，实实在在地用心去感受、感悟。观众不仅当时会产生情绪反应，而且会将事物的表象和知识融进主体的情感，共同纳入自身的认知结构，在以后认识相类似的事物时，可以自然地产生情感迁移。

3.3.1 陪伴式情感体验

Anna互动式音箱设计，除了可以播放出高音质的旋律和歌声之外，还能贴心地陪你一起听歌。当我们将Anna屏幕上的连接线连接到iPhone手机并开始播放音乐之后，一个青春美少女会从音箱屏幕的右侧缓缓走入中央然后俯身坐下来，伴随着音乐的节奏，她可爱地晃动着脑袋并且不停摆动双脚和双手，好像已经陶醉在这音乐里。这情景就如同你在和心爱的女孩一人一只耳机坐在一起听着动人的小情歌一样，令人憧憬和心动不已（图3-33）。

3.3.2 共鸣式情感体验

通过增加用户参与其中的身体体验，让用户增加实际操作的过程经验，激起参与者的记忆或情感，使参与者从产品的互动过程中体验到乐趣。如超级马里奥灯具设计，方块问号灯（Question Block Lamp）的诞生显然是受水管工马里奥的启发。这款互动式的问号灯在底部装配了一个灵敏的碰触式开关，它完美地将游戏中的动作复制到现实中，并且在触碰开关灯光的同时，你还会听到熟悉和令人上瘾的金币弹跳声效。容易让一代“老玩家”找到属于自己的情感共鸣（图3-34、图3-35）。

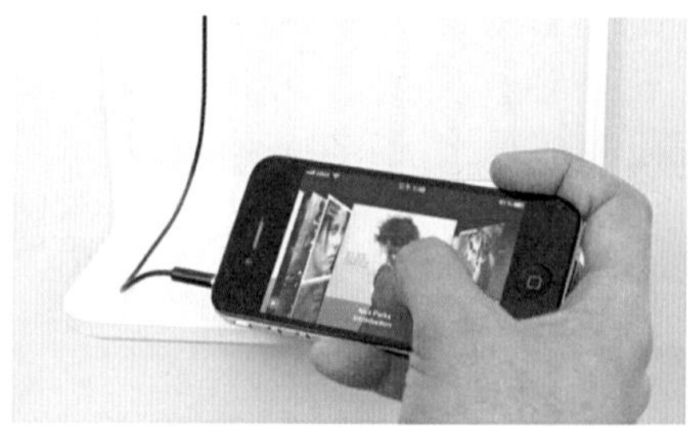
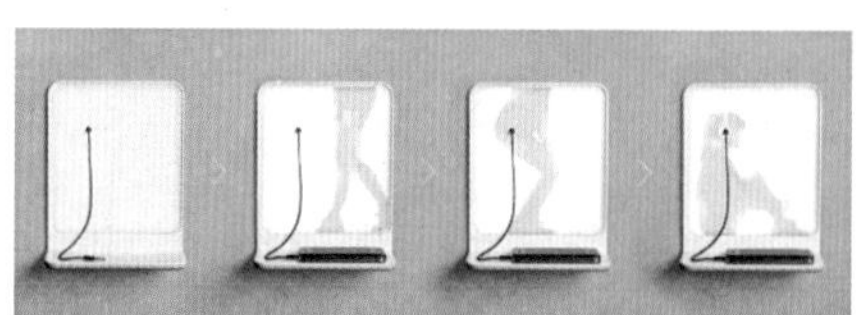

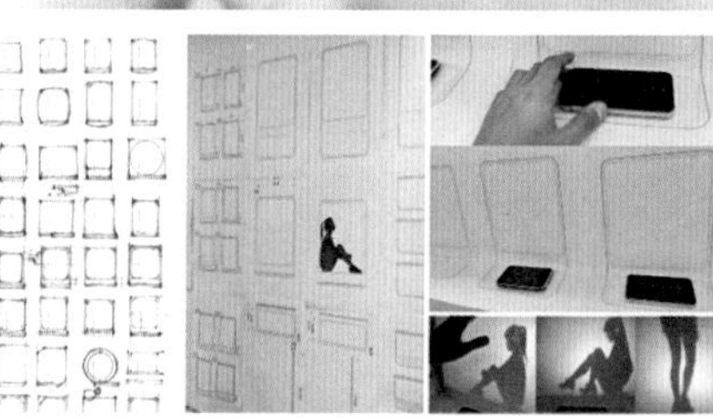

图 3-33 Anna 互动式音箱设计
（图片来源：http://www.kubeijie.com/creative/204.html）

图 3-34　超级马里奥灯具设计
（图片来源：http://bbs.alighting.cn/forum.php?mod=viewthread&tid=420567）

图 3-35　超级马里奥灯具设计
（图片来源：http://bbs.alighting.cn/forum.php?mod=viewthread&tid=420567）

3.4 反常态设计

“城市光标”提取了电脑鼠标的符号，通过超尺度的处理方式，使之成为了一个具有意味的城市家具设计作品，同时其底下的滑轮可使“游标指针”运动起来，人们可根据需要移到不同的地点，为户外空间创造了一种新的游戏与互动行为。通过嵌入式GPS设备，城市光标将其地理坐标信息传送至网站，网站再将坐标信息映射在谷歌地图上，从而记录了光标运动的物理轨迹，让参与者可以看到他们共同帮助移动的对象。同时也用另外一种方式传达了在信息时代人们更需要面对面交流的观念（图3-36）。

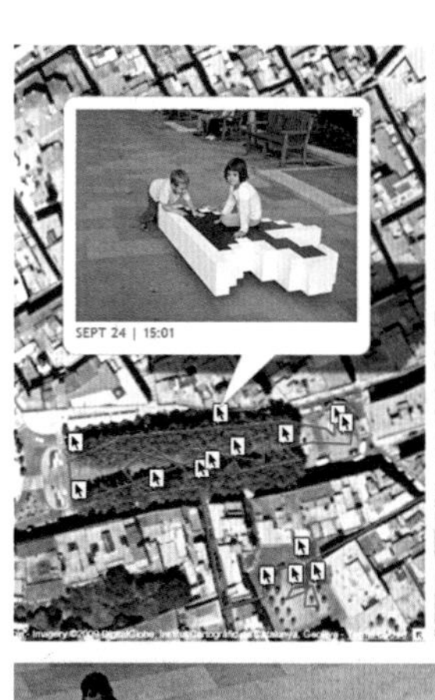

图 3-36 城市光标 Urban Cursor
（图片来源：http://www.urbancursor.com/）

通过对生活中常见符号元素的夸张表达，可以使常态的空间、常态的审美，甚至常态的休憩活动都发生改变，这正是装置艺术中“异化”概念的表达。

3.4.1 错位表达

设计作品中呈现出“非逻辑”特性往往不拘于普通的“能指”与“所指”的表达，即反常态地将“能指”与“所指”进行错位和表达，与人们的审美经验和习惯反其道行之，产生模糊多义性，以陌生化的方式产生一种新的意义或观念，从而达到新颖、奇特或者耐人寻味的效果。

Shadowplay Clock看上去似乎是个壁灯，实际上这是皮影时钟。本体是一个环状夹合板，内部嵌有LED灯和感应装置，当手指靠过去后，就会启动感应器，将光圈转变为点状发光，分别出现在时、分、秒的位置。当用户将手指戳在时钟中间时，传感器在感应到用户的手指的同时，其他的LED都会关闭，只剩下三颗LED灯，它们照向手指，使手指形成阴影，让阴影分别代表小时、分钟、秒数。传感器连接的是一个Arduino控制器，时钟通过这个控制器来控制关灯（图3-37）。

图3-37 Shadowplay Clock（Credit: Breaded Escalope）
（图片来源：http://www.gizmag.com/shadowplay-clock-human-touch-time/40080/）

由rasam rostami设计的3angle智能手表，外形同平常的手表无异，在保持美观的同时能为用户提供完全不同的软件界面体验。设计师将传统手表的三个指针设计成了几何图形，有时是三点重合，有时是一条直线，有时又变成三角图案，每过五秒钟都会呈现不同的形状（图3-38、图3-39）。

3.4.2 仿生设计

在产品设计中模仿自然界的生物造型，包括动物、植物、微生物、人类等形态。仿生造型设计形式多样，从产品的形态到内部结构、功能的模拟等无一不说明了自然界对人类物质生活的巨大启迪作用，是人类设计活动与自然界结合的产物。

Curious（图3-40）是设计师Youngkwang Cho带来的一个别致的手机概念，它的外壳看起来就像某种奇特的生物，除了传统的铃音和振动以外，这个独特的外壳会感应到来电或短信，从待机时的平板状态蜷立起来以提醒用户，并让用户能更方便拿起桌面上的手机，同时也更符合听筒的人体工程学，使得手机仿佛从冷冰冰的数码

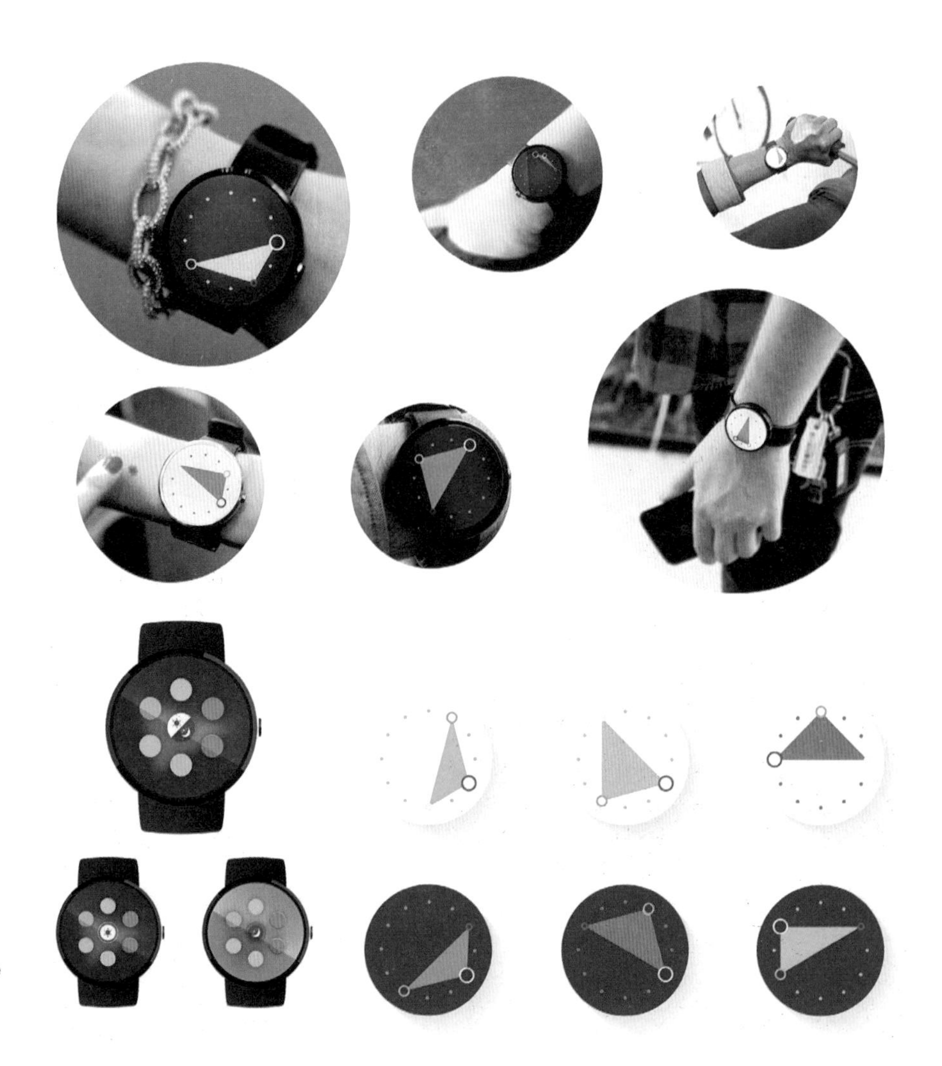

图3-38 不断变幻表面图案的3angle智能手表
（图片来源：https://www.behance.net/gallery/27469841/3ANGLE）

图 3-39 3angle 智能手表使用场景
（图片来源：http://www.xiankankan.com/index.php/archives/31772#more-31772）

产品，变成了一个能与用户进行互动的“肌肉男”。

来自法国设计师Alexandre Moronnoz的“吸碳蘑菇座椅”（CCC bench）是一个结合了功能性与生态性的产品。它的形状如同自然界中随处可见的树根或岩石，其表面的起伏给人们提供了各种坐姿的可能性。最重要的是，其使用的TX活性混凝土材质如同一个触媒，使得座椅能够吸收空气中的污染物，并使他们在紫外线辐射下分解，因而能够净化周围近距离的环境。这与大自然中蘑菇具有吸收重金属的功能一样，是一个典型的功能仿生设计作品（图3-41）。

综上，“反常态设计”思维方法对产品设计创意思维的拓展具有重要意义，它所蕴含的反常态推理方法、思维方法、设计方法是设计师必备的能力和基本素质。同时，利用“反常态设计方法”设计出来的产品具有强烈的视觉冲击效果和丰富的信息承载力。

3.5 感应式交互式设计

产品设计主体是人，客体是物，人与物是通过相互接触的方式进行联系的，人接触物，物让人来认识，所以在这个过程中交互起到很大的作用。

图 3-40 Curious 概念手机
（图片来源：http://www.hihsh.com/19783.hshcy）

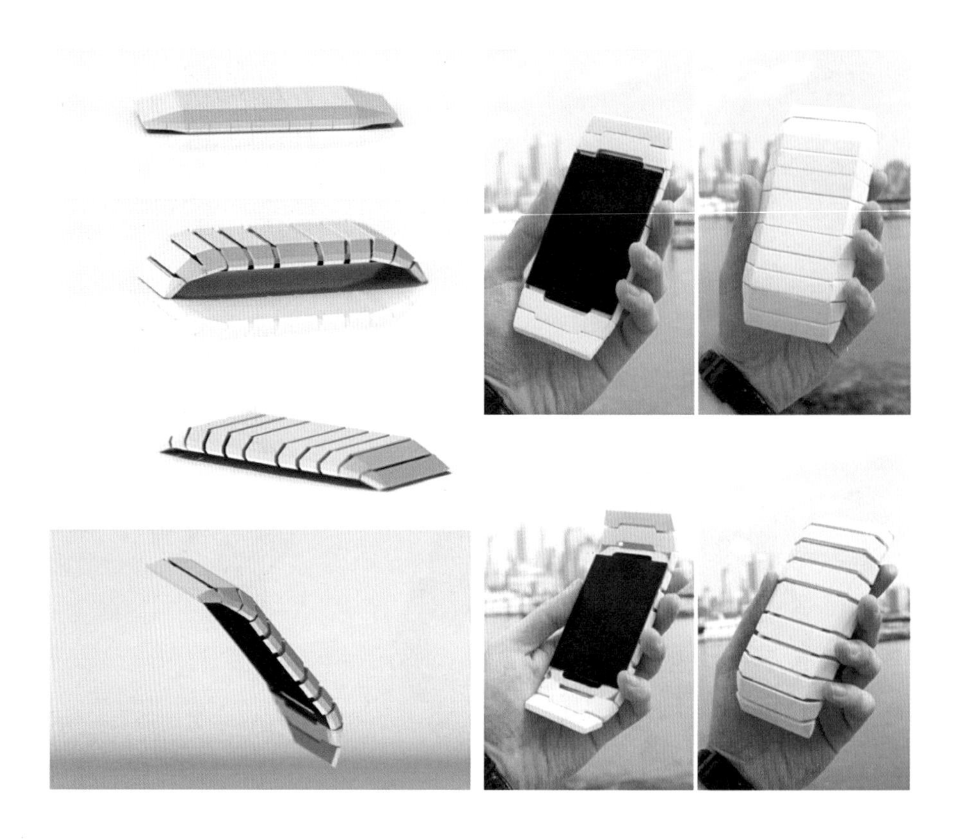

图 3-41 吸碳蘑菇座椅 CCC bench
（图片来源：http://www.moronnoz.com/）

Dialog设计可以帮助用户拥有健康。通过对用户健康背景的调研和备案，建立病人与护理人员之间的深层次联系，从而更好地为决策者提供清晰的路径，此产品已为超过1.3亿患有慢性病的美国人提供服务，给予他们及时的照顾，提高生活质量。

如下图所示，Dialog使临床医生更深入地了解癫痫患者的情况、家庭照顾者帮助他们做出更好的治疗与护理决策。产品包含一个可穿戴的模块，收集关于病人和其所处环境的一系列有意义的数据。这个平台可以连接到病人的家庭和照顾者，甚至在紧急的情况下向旁观者寻求帮助。简单、轻量级数据输入能更轻松地帮助病人（图3-42～图3-45）。

记忆步道（Memory paving）是一个来自于萨拉戈萨的“数字英里”（Digital Mile）中的有趣案例。这个步道采用的是一种可感应的数字化铺地材料，即所谓的接触式感应地面科技，材料中的基本构成是一个荷载承受单元，表面能够应对各种天气状况，里面包含了压力感应器以及与之相连的LED灯。当人们踩在上面，受力的区

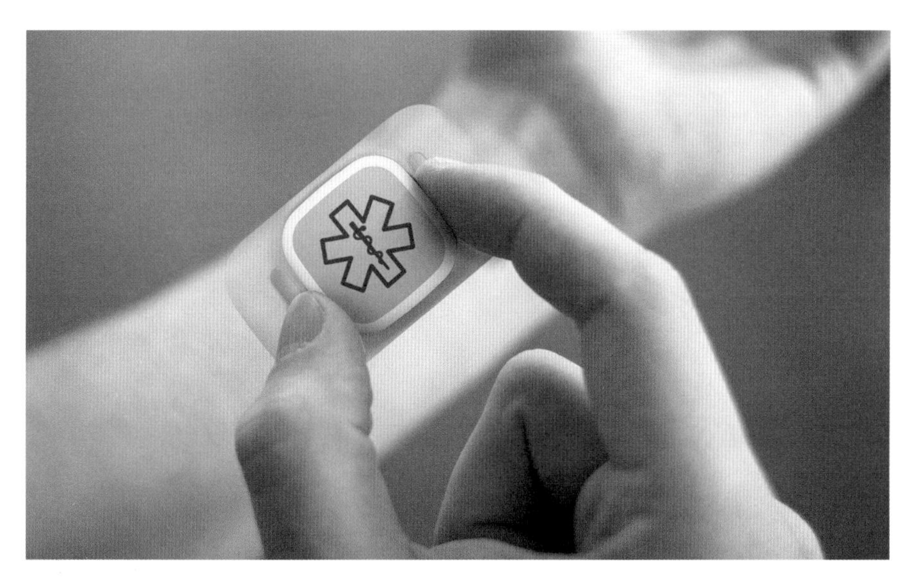

图3-42 Dialog 设计
（图片来源：https://www.artefactgroup.com/content/work/dialog/）

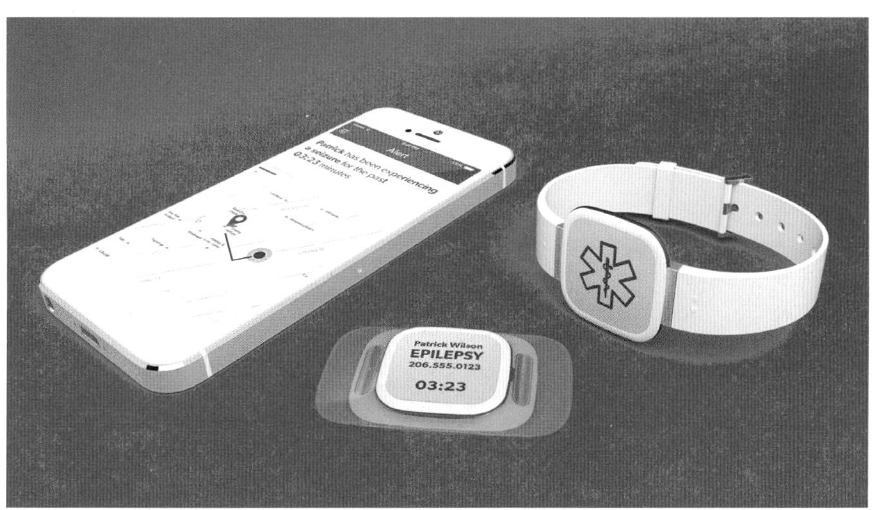

图3-43 Dialog 产品设计
（图片来源：https://www.artefactgroup.com/content/work/dialog/）

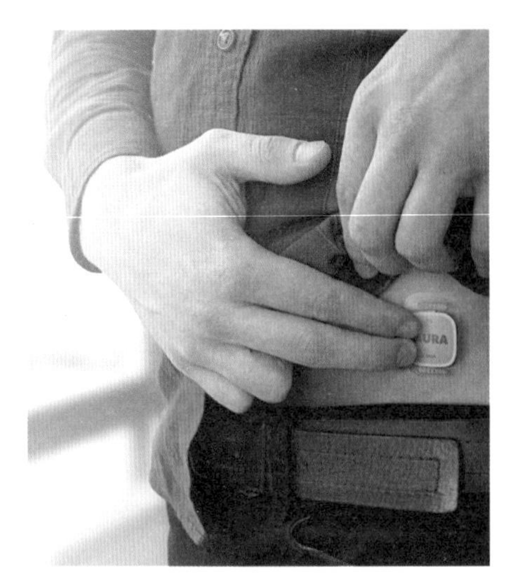
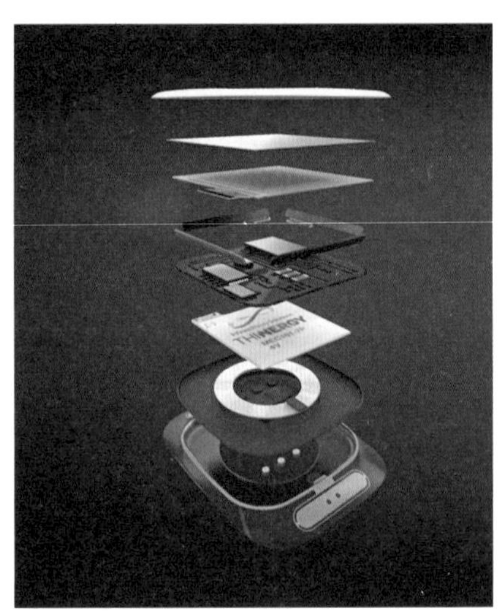

图 3-44 Dialog 使用场景
（图片来源：https://www.artefactgroup.com/content/work/dialog/）

图 3-45 Dialog 产品细节
（图片来源：https://www.artefactgroup.com/content/work/dialog/）

域便会发光，而一连串的行走之后，就自然形成一条发光的足迹，其行动信息因此被记录下来。而不同的人经过之后，将会留下更多复杂的动线。通过地面上的轨迹，人们可以清楚地知道哪些区域是人们最常使用和经过的，哪些区域却是少人问津。而这样有趣的地面效果又将刺激人们去接触那些较少被使用的区域，因为这时候更有机会留下自己那时那刻独一无二的足迹，于是某些被忽视的空间就会被激活，环境携带的特殊信息再一次鼓励人们去与未知领域积极对话。

Infinitum是一款会发光的桌子，由设计师lousie-anne van't Riet利用开放资源电子平台 Arduino 进行设计的。Lousie-anne Van't Riet的意图是希望借由这款会发光的桌子提醒用户日常生活中注意随时清理桌子，当桌子上一旦有东西，桌面的灯光就会自动点亮，成为桌上物品的灯光背景，直至物品被清理干净或拿掉时，桌面的灯光才会熄灭（图3-46）。

图 3-46 会发光的桌子
（图片来源：http://www.xiankankan.com/index.php/archives/31299）

4 装置性产品设计作品展示

《专题设计》课程旨在引导学生将互动装置艺术理念引入产品设计中，利用装置艺术对生活敏锐的观察性和思维性质，提出问题，形成产品设计新的概念，从而产生有趣的碰撞。以下内容为学生作品欣赏。

吹蜡烛灯的创意源自于吹蜡烛这个动作，如图4-1所示，如果灯可以吹灭，应该十分有趣。将椅子与灯相结合，当人坐到椅子上时，灯亮起来，十分适合晚上在椅子上看书，玩手机的人们。同时，需考虑可调节灯的照明方向，设计符合人机工程学的座椅结构（图4-2）。

此灯有重力感应控制开关，平着放，则是关灯；立起来，则是开灯。翻转之后灯

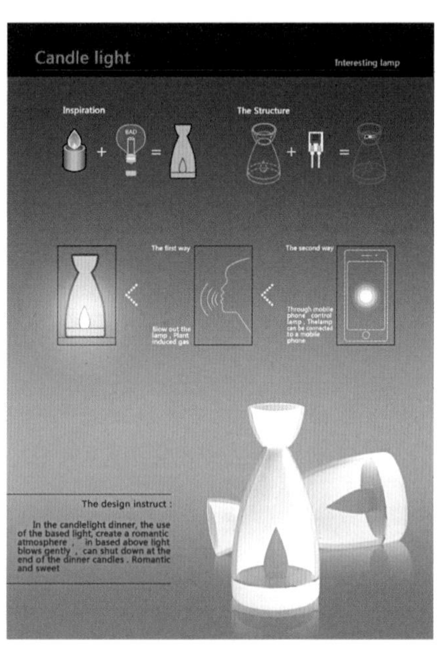

图 4-1 吹蜡烛灯（彭玉洁）

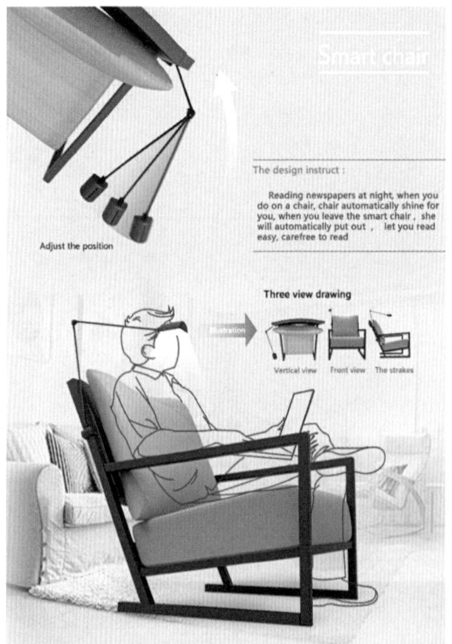

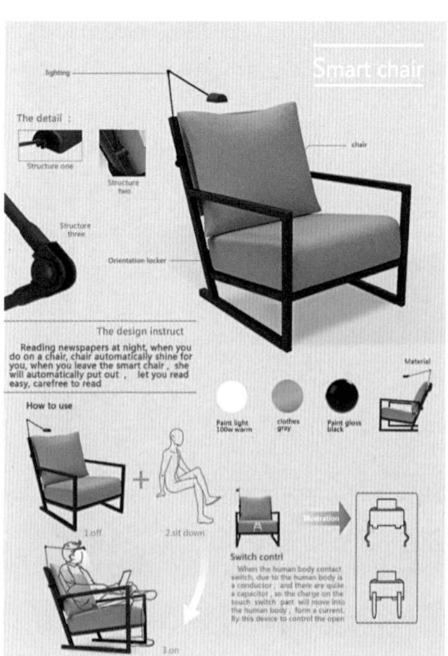

图 4-2 椅灯（彭玉洁）

的颜色会发生改变，改变了原始的长方体造型，采用了漏斗的造型（图4–3）。

市面上的调料盒外形过于相似会导致在厨房做饭的时候经常会拿错调料，尤其是在比较慌张的时候。所以哪怕是经常下厨的人，也会需要一些醒目的标识来提醒。此设计的目的是通过互动的方式提醒人们调料的名称，防止误操作。使用方式为：初次使用时，人对着瓶子说出调料名称。之后，每当人拿起瓶子，它就会播放录音提醒人所装调料的种类。当人找不到调料时，可以喊出名字，相对应的瓶子会发光发声进行回应，帮助人找到调料（图4–4~图4–6）。

装瓜子、坚果之类零食的罐子。设计目的在于帮助想要减肥的用户控制零食的食量。使用方式：1.用旋钮设置重量；2.当吃到所设置的重量时，罐子开始晃动，侧面灯光闪烁；3.盖上盖子后停止晃动。

水壶和托盘的设计目的在于帮助人养成良好的收捡习惯，使用之后将东西放回原处，尤其适合有小孩的家庭。使用方式：1.每拿出一个杯子，水壶上的灯就变亮；2.每放进一个杯子，水壶上的灯就变暗；3.当杯子全部放进去时，水壶和托盘上的灯就全部熄灭。

电子积木的自由性会随着技术的提升而逐渐升高，该款电子积木产品所给人带来的乐趣从原理到虚拟到现实。带上特效眼镜，通过实际操作，自由体验虚拟空间的无

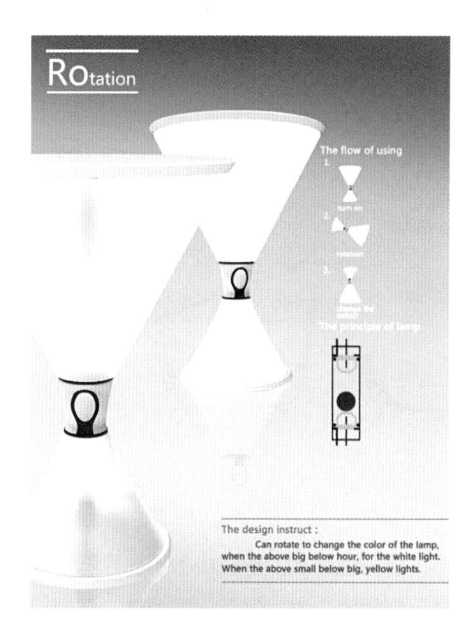

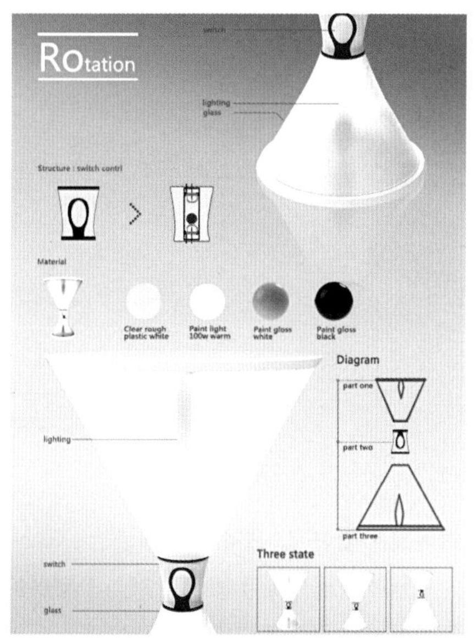

图 4–3　重力灯（彭玉洁）

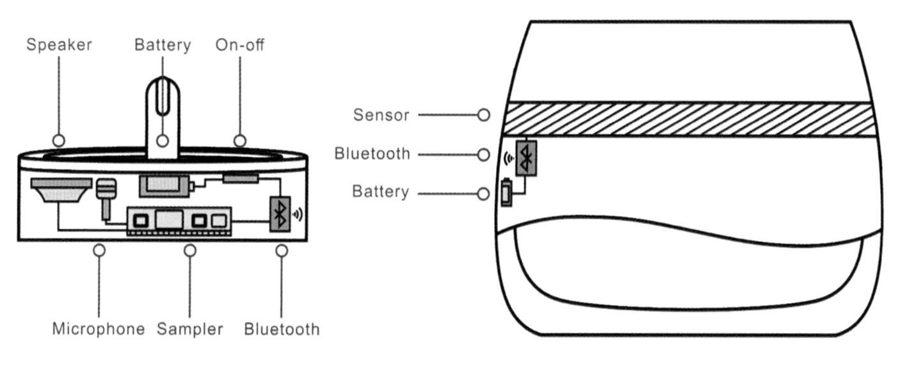

图 4–4　调味盒内部结构图（金祎）

图 4-5 智能厨具系列（金祎）

图 4-6 智能调味盒（金祎）

限可能（图4-7、图4-8）。

智能家居控制手环创意来自于亲身的经历，想开空调了，一时找不到遥控器。想开关灯，又不想下位。衣服洗好了，饭煮好了，都要跑去看。急需一款携带方便的一体遥控。我相信有这个需求的人会不少，回家后带上手环，家居状态轻松控制，会成为受追捧的做法。每个人都愿意追求舒适方便的家居状态，产品前景不小。

这是一款智能家居控制系统的衍生设计，通过手环遥控的形式代替了传统的开关，能实现对智能灯光、电器、温度、影音、窗帘、安防、定时、网络、场景的远程控制。即使一动不动，甚至不在家中，它都能帮助你将家居设定到你最满意的状态。携带方便，功能丰富（图4-9~图4-11）。

“云雨”灵感来源于美国纽约现代艺术博物馆生态主题展览的“雨屋”，设在馆中一个100平方米左右的昏暗房间里。屋内，大雨持续不断，但是屋中的雨和屋外的

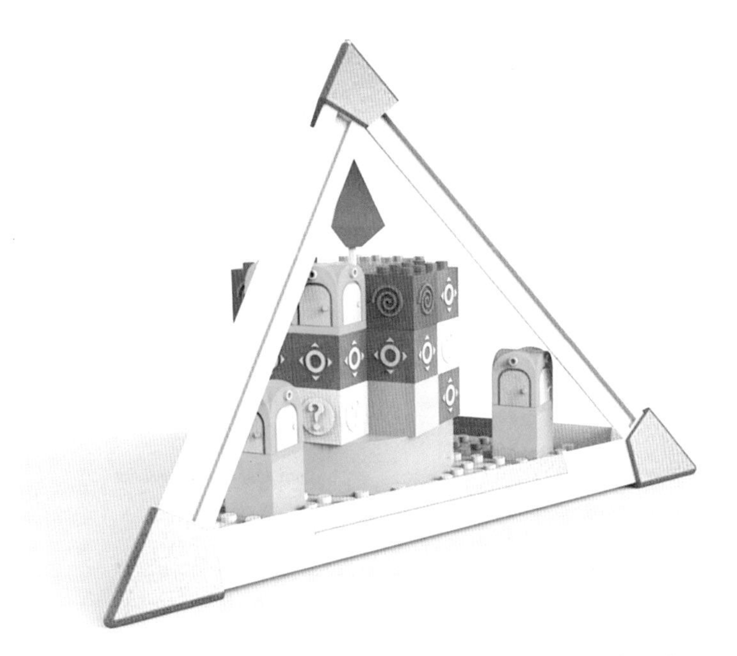

Pixramid

A VR-Building-Block

How to play it.

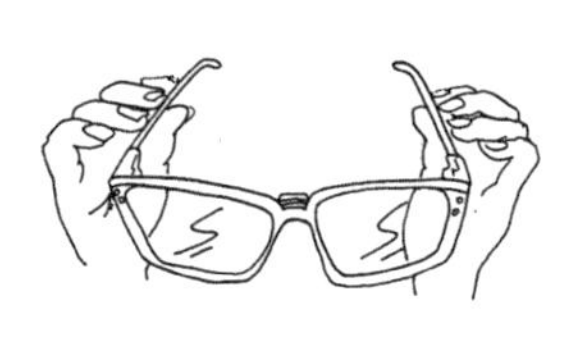

Step1
Wear your VR-glasses

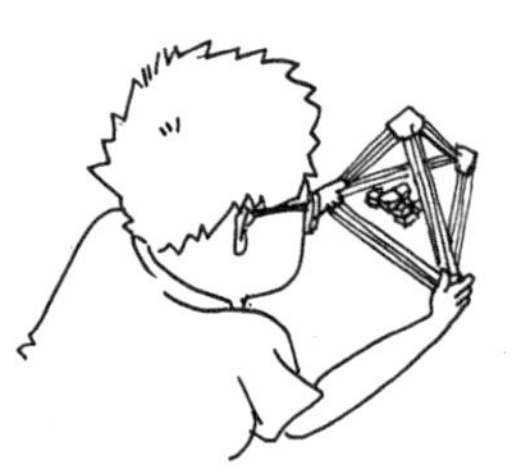

Step2
Build your Building-Block

Step3
Adjust your Building-Block

Step4
Enjoy your own game :)

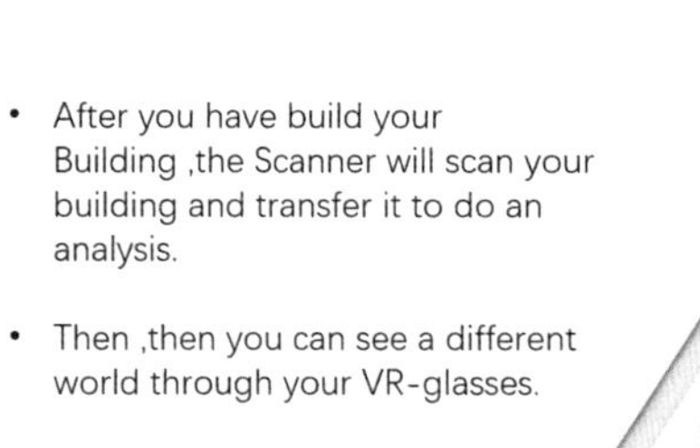

- After you have build your Building ,the Scanner will scan your building and transfer it to do an analysis.
- Then ,then you can see a different world through your VR-glasses.

图 4–7　电子积木设计（沈钧石）（1）

图 4-8　电子积木设计（沈钧石）（2）

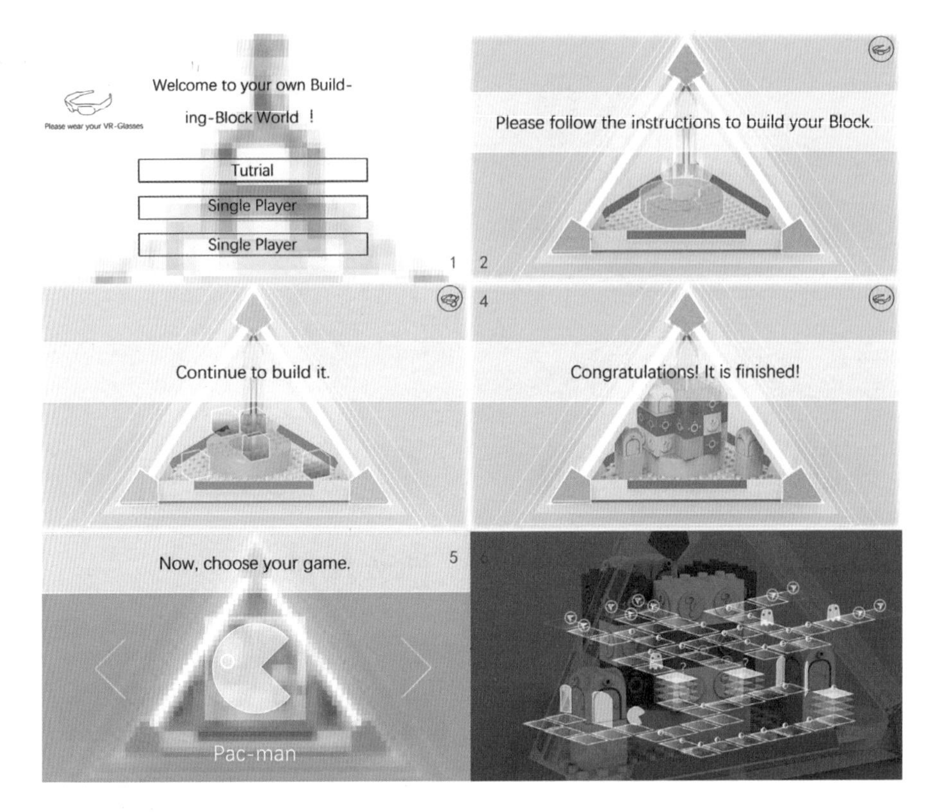

图 4-9　智能家居控制手环（侯璐璐）（1）

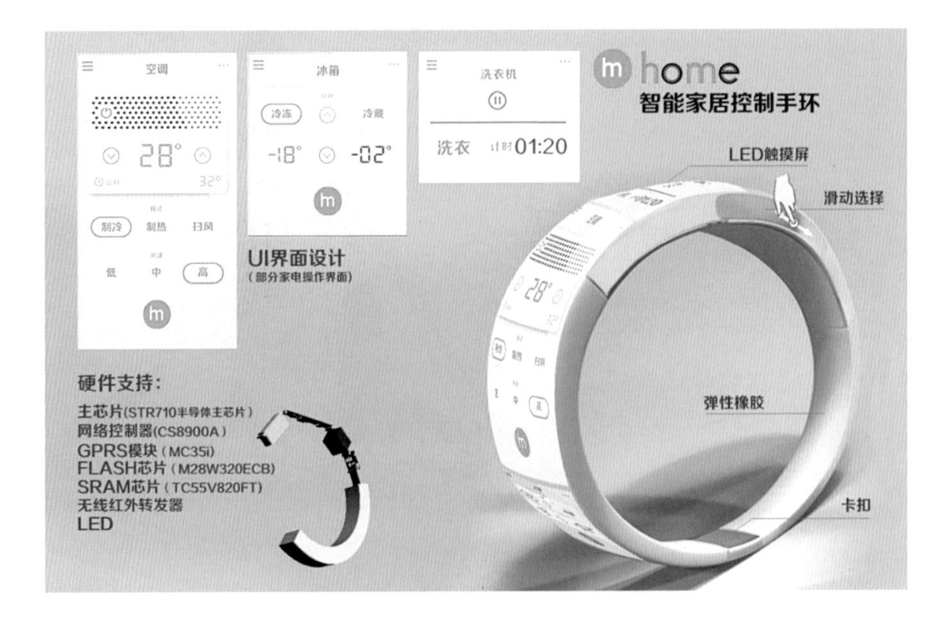

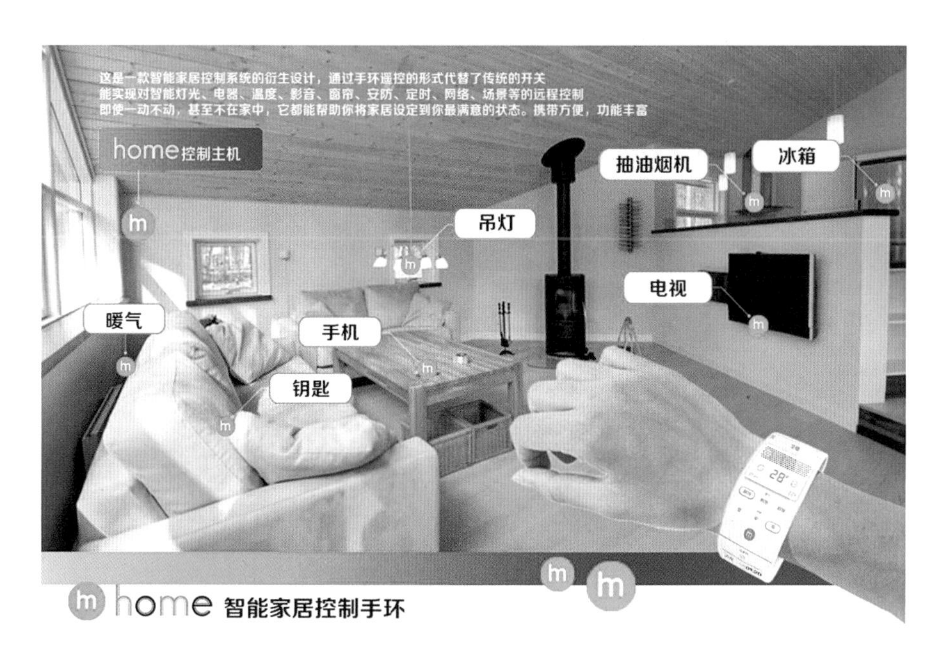

图 4-10 智能家居控制手环（侯璐璐）（2）

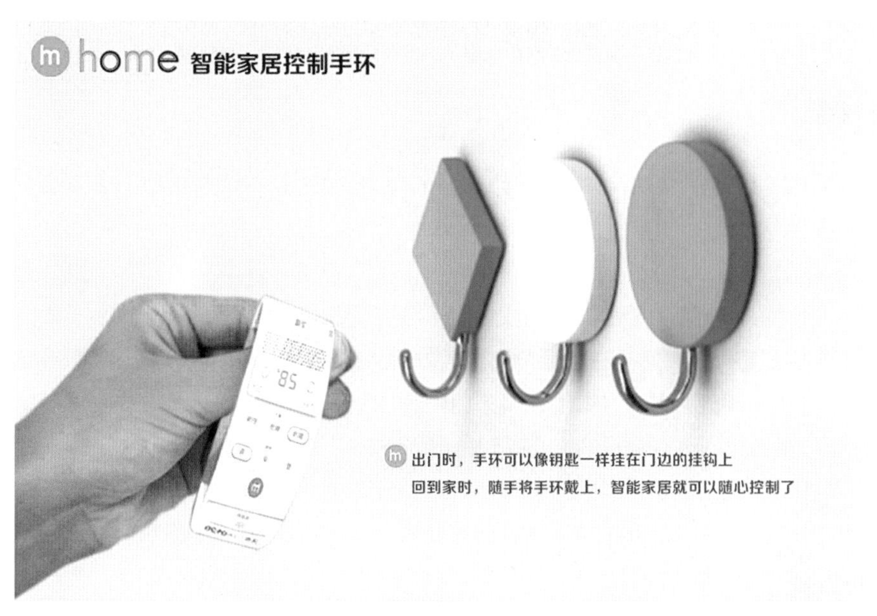

图 4-11 智能家居控制手环（侯璐璐）（3）

雨却完全不同，因为不管人走到哪里，都不会被淋湿，就好像是雨在躲着人一样。现实生活中，雨却是说下就下的。我们不能把整个天空变成一个“走到哪里都是晴天”的装置，但却可以“未雨绸缪”。匆忙的都市生活里人都是健忘的，有时即使想到看天气预报，知道可能下雨的讯息，但是出门仍旧忘记带伞。设计者试图设计一个通过另一种视觉表现方式的天气预报，来提醒人们雨天带伞，同时也可以作为艺术装饰品出现在家中、办公区等。利用温湿度传感器进行天气预测，当温湿度达到不同数值，镂空内壁的led灯会显示不同的颜色，以此来提醒人们出门是否需要带伞。不同颜色的led灯分别代表大雨、中雨、小雨，或是没雨（图4-12）。

图 4-12　云雨（刘怡）

在生活中，每个人都忙碌在自己的路上，无论是跟朋友还是亲人，能够真正单独静下心来交流的机会少之又少，人与人心灵之间的距离仿佛越来越远，因此我想将互动媒体这种媒介运用到普通生活中，融入我们生活的小细节里。加强人与人之间的交流互动，能够因为一件物品的小细节产生乐趣。整个产品由橡胶和塑料组成，橡胶做成皮质的形状外裹一层薄塑料，橡胶用来达到变形的效果，塑料用来模拟按压下去的触感，橡胶内环设置LED灯以及触摸开关装置，只要按压下去便会触摸到感应区，此时LED灯亮，底部设置一键还原开关，当用户使用完之后点击橡胶还原，离开了触摸区域LED灯灭，旁边设有灯光转换按钮，滑块滑向哪一方LED灯便显示什么色彩（图4-13）。

以下作品为华中科技大学工业设计系2016和2017届本科毕业设计中作品，从中可以看出互动装置艺术理念对于当今时代产品设计的影响与启示。

如能带给用户干净和健康享受的超声波洗衣机Ultrasonic-C&H，让用户体验不一样的洗衣过程。可伸缩式桶壁可调节洗衣机高度，从而适应不同的洗衣量，洗衣桶与底座分离，用户在不使用洗衣机时可将洗衣桶作“衣篮”盛装脏衣，洗衣机与脏衣篮的结合带来更加人性化的设计。同时，洗衣机可以与手机连接，可实现用户远程操控、定时洗衣等功能。顶盖和底座装有超声波清洗、晒干装置，可以在短时间内达到很好的衣物脱水效果，同时超声波洗衣机具有声音小、不损耗衣物等优点。在数字时

当我们每次触碰点亮每个小泡泡的时候，
柔软的塑料薄膜的包袱让人们更好地感
觉泡泡破裂产生声音同时所带来的触感

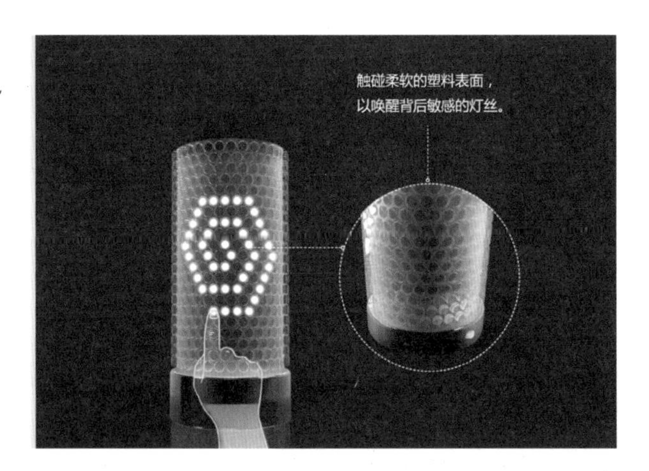

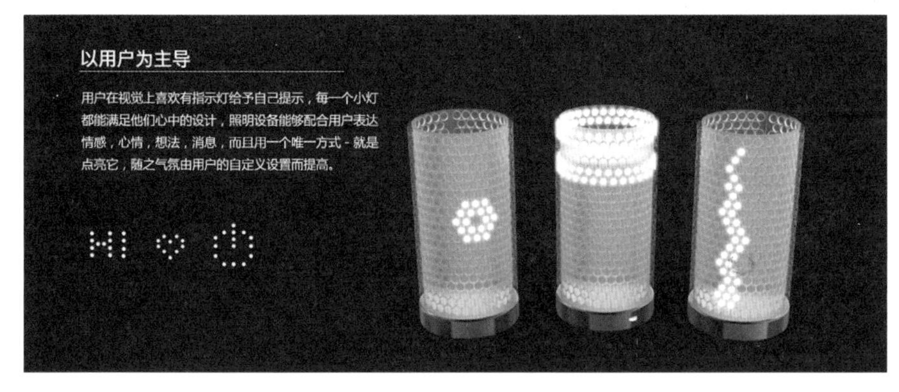

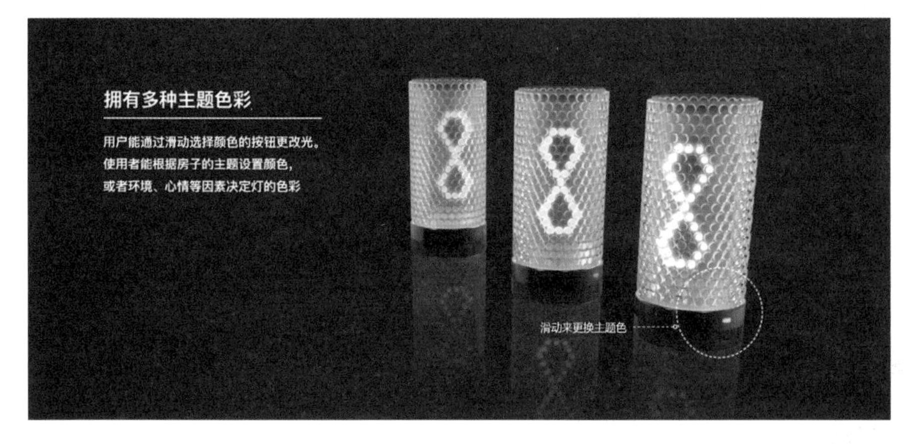

图 4-13　Bubble light（程丽茎）

代科技的逐步发展中，超声波洗衣机也将会越来越完善，服务于大众。该作品获得“之新设计大赛”三等奖（图4-14~图4-16）。

地铁为现代出行提供了便利，然而每每遇到上下班高峰期时，地铁的一些车厢总是人满为患，而有些车厢却因为所处位置的原因人员较少。地铁分流灯（Guide-light）很好地解决了这个问题，在地铁到达前，每个站口门上的分流灯会根据即将到来的地铁每节车厢内不同人数，对应显示不同颜色的载客数状态，使乘客可以分流到人数较少的车厢，地铁车厢人数分配更合理，人们乘坐地铁心情更愉悦。该作品获得

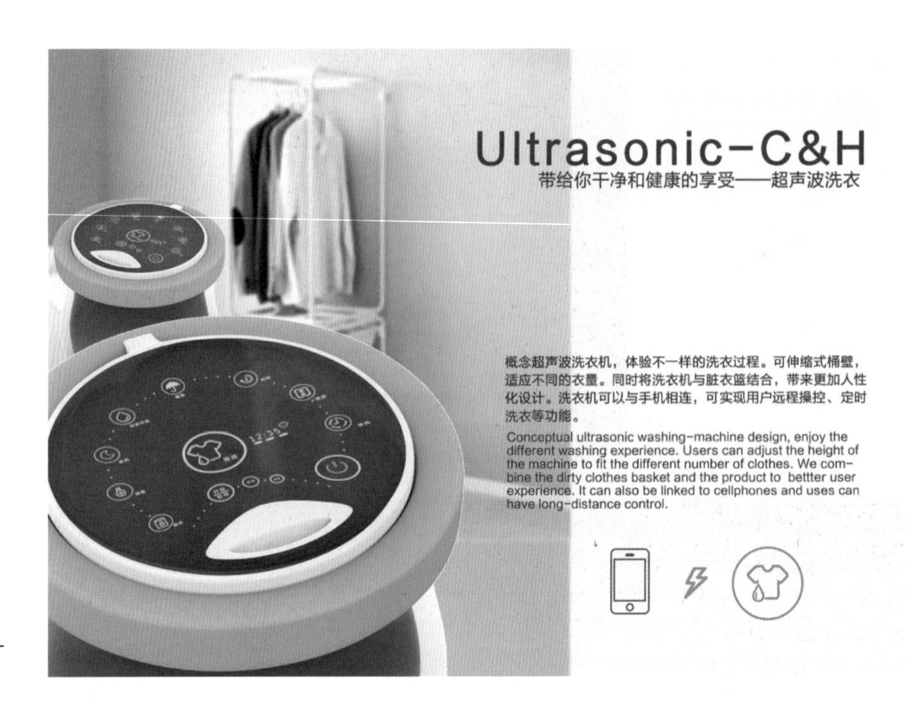

图 4-14 超声波洗衣机 Ultrasonic-C&H（李泳欣、詹佳宁）（1）

图 4-15 超声波洗衣机 Ultrasonic-C&H（李泳欣、詹佳宁）（2）

Ultrasonic-C&H

手机界面演示图

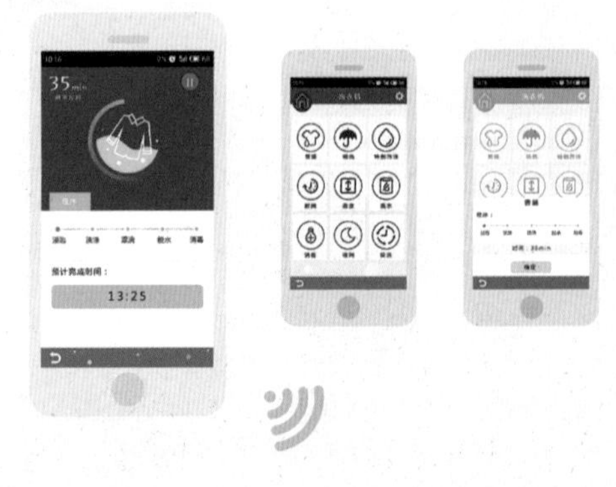

演示图

提起洗衣机就可以当成脏衣篮用，洗衣机与手机为WiFi连接
Separate the product to be a dirty clothes basket, connect it with WiFi

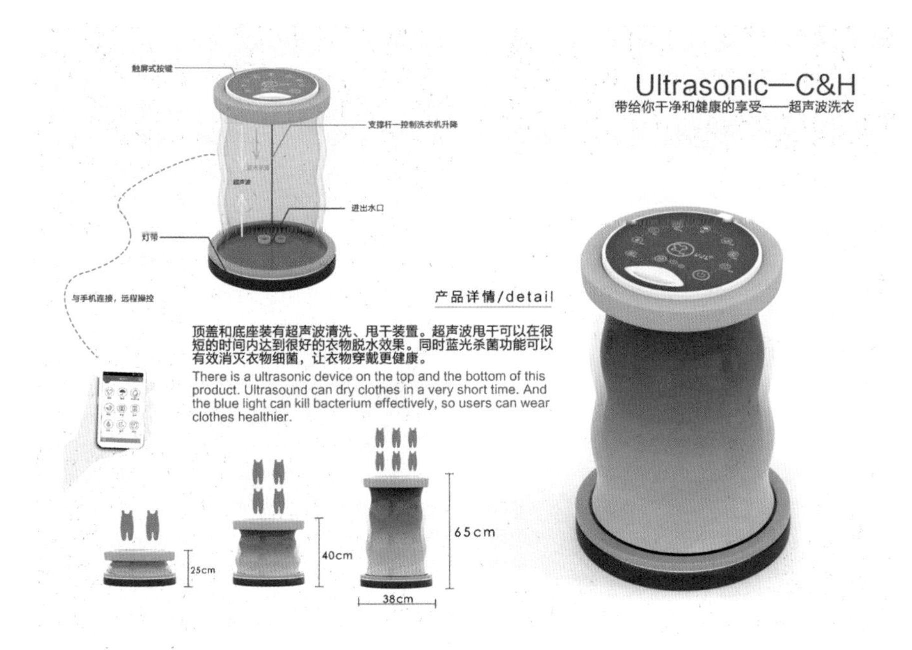

图 4–16 超声波洗衣机 Ultrasonic–C&H（李泳欣、詹佳宁）（3）

“黄鹤楼杯工业设计大赛”二等奖（图4–17、图4–18）。

我们去银行或是各类营业厅办理业务时，一般都需要先去叫号机拿到一张号码纸等候排队，但是从开始办理业务的时候，叫号纸就没有用了，每天都有成千上万的人使用的叫号纸在整个办理业务的过程中形成了一种不可避免的浪费，交互式叫号机Interactive Cueing Machine则有效规避了纸张的浪费，其工作过程是先在手背上喷上一层胶状涂层，再将号码打印在手背上，整个过程不涉及纸的使用，从而减少对环境的破坏。该作品获得“黄鹤楼杯工业设计大赛”三等奖（图4–19、图4–20）。

该作品是一个茶包夹的设计，夹子上的旋钮是一个发条式定时器，时间到了就可以将茶包从茶水里拉出来，从而起到一种定时泡茶的作用。小小的互动赋予该作品趣味性、功能性。此作品获得“黄鹤楼杯工业设计大赛”优秀奖（图4–21、图4–22）。

帕金森病（Parkinson’s disease，PD）是一种常见的神经系统变性疾病，老年人多见，平均病发年龄为60岁左右，40岁以下的青年较少患帕金森病。当帕金森氏病人在吃饭时会因为手的不停颤抖而把饭弄撒。这款Parkinsonism Spoon产品是专为他们设计的，勺子首部分为金属与软橡胶两部分，软橡胶部分可随着病人手的颤抖而抖动，从而减少食物的洒出。该作品进入IF全球工业设计大赛TOP300（图4–23、图4–24）。

作品RealVisual是一个三维显示工具，用户可以观察360°的三维模型，用户可以从不同角度观察，不需要任何额外的工具，同时允许多人观看。

用户可以通过前所未有的方式观看三维模型，需要使用我们自己开发的计算机软件，主要用于建筑设计，艺术设计，电影动画，商场展示，军事沙盘等计算机辅助设计。未来还将具备游戏电影等互动功能的娱乐系统。

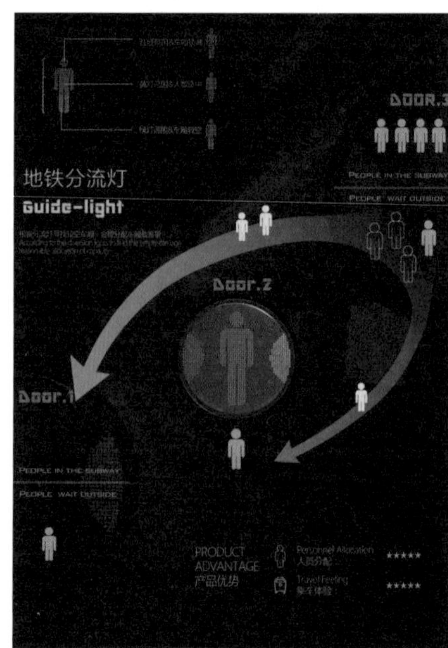

图 4-17　地铁分流灯 Guide-light（吴鹏、孙丹青、姚瑛、居越）（1）

图 4-18　地铁分流灯 Guide-light（吴鹏、孙丹青、姚瑛、居越）（2）

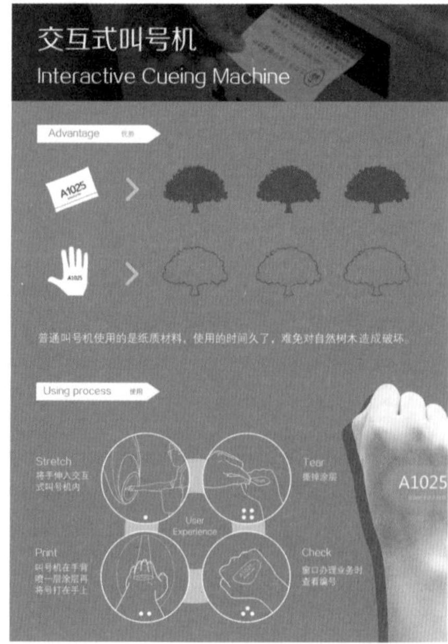

图 4-19　交互式叫号机 Interactive Cueing Machine（吴鹏、姚瑛、孙丹青、居越）（1）

图 4-20　交互式叫号机 Interactive Cueing Machine（吴鹏、姚瑛、孙丹青、居越）（2）

RealVisual采用基于DLP（数字光处理）技术的高速投影系统作为展示的重要组成部分。使用同步投影技术合作一台旋转镜，创建一个图像源的算法来显示最终的三维图像（图4-25~图4-27）。

老年人随着年龄的增大，身体机能逐渐衰退，是慢性疾病的高发人群，且年事已高，记忆力减退，生活自理能力下降，因此错服、漏服、多服药的情况时有发生。为了确保老年人能定时、定量服药，有必要研究老年人的生理和心理特性，并了解退休老人的生活习惯，开发一款老年人智能药箱，让老年人拥有更好的用户体验。

《说文解字》
【卷八】【人部】人：“天地之性最贵者也”

守时茶包夹

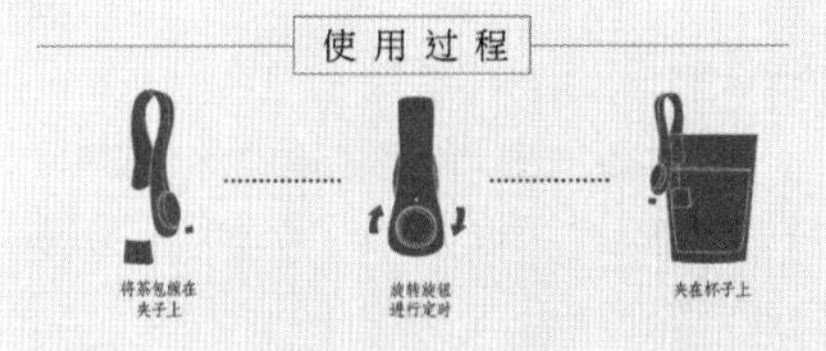

图 4-21 守时茶包夹（孙丹青、姚瑛、吴鹏、居越）（1）

图 4-22 守时茶包夹（孙丹青、姚瑛、吴鹏、居越）（2）

图 4-23 Parkinsonism Spoon（孙丹青、姚瑛、吴鹏、居越）（1）

Parkinson’s disease(PD) is a common neurode-generative disease, more common in the elderly, the average age of onset is about 60 years old, 40 years old the following onset of young Parkinson’s disease is rare.

帕金森病（Parkinson’s disease，PD）是一种常见的神经系统变性疾病，老年人多见，平均发病年龄为60岁左右，40岁以下的青年较少患帕金森病。

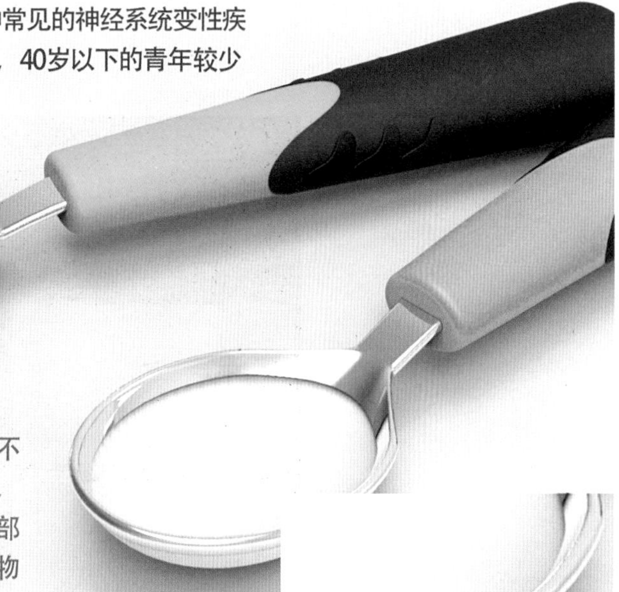

当帕金森氏病人在吃饭时，他们会因为手的不停颤抖而把饭弄撒。这款勺子专为他们设计，勺子首部分为金属与软橡胶两部分，软橡胶部分可随着病人手的颤抖而抖动，从而减少食物的洒出。

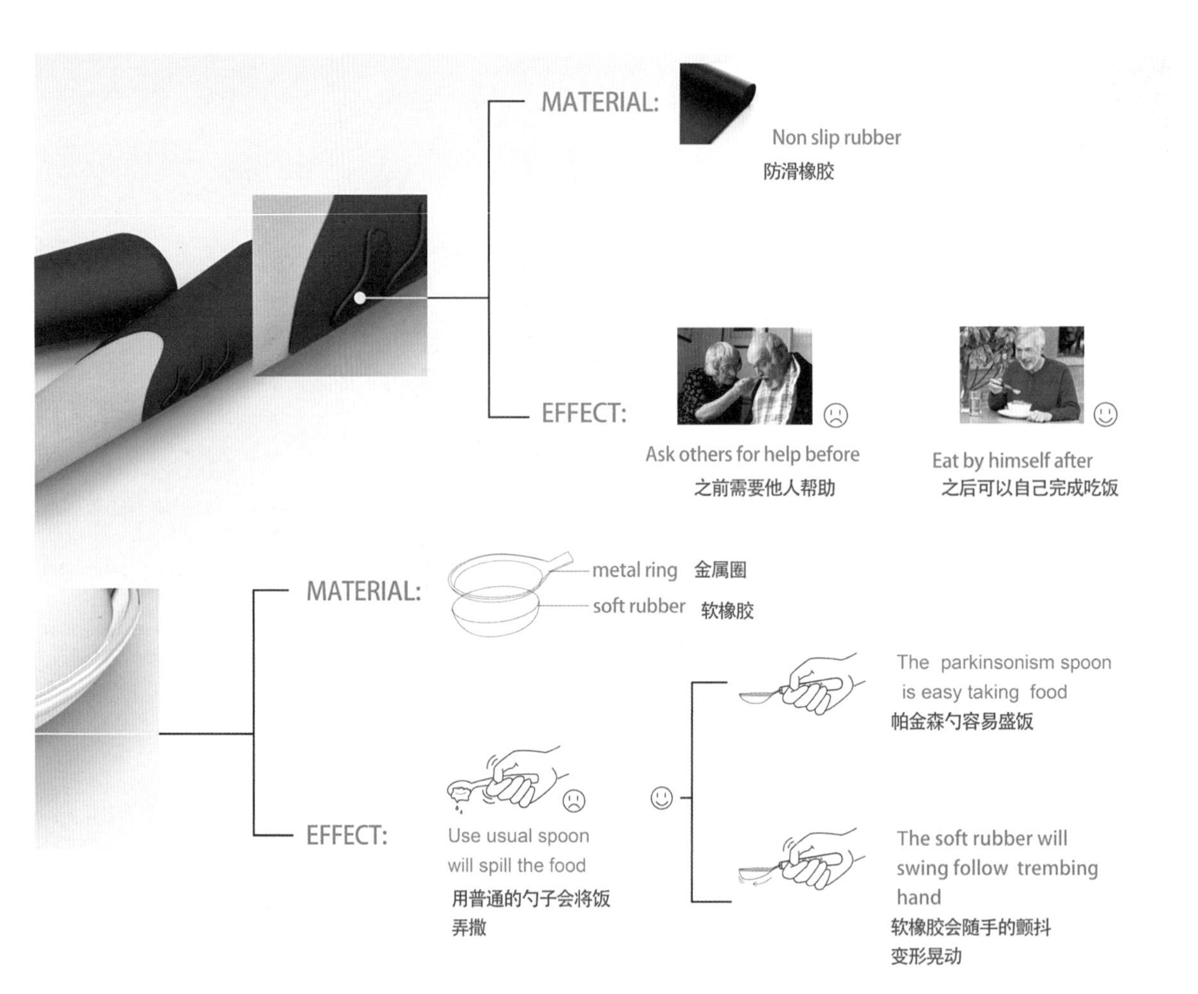

图 4-24 Parkinsonism Spoon（孙丹青、姚瑛、吴鹏、居越）（2）

图 4-25 RealVisual 三维显示器（设计者：陈宇鹏，指导老师：曹淮、龙韧）（1）

图 4-26 RealVisual 三维显示器（设计者：陈宇鹏，指导老师：曹淮、龙韧）（2）

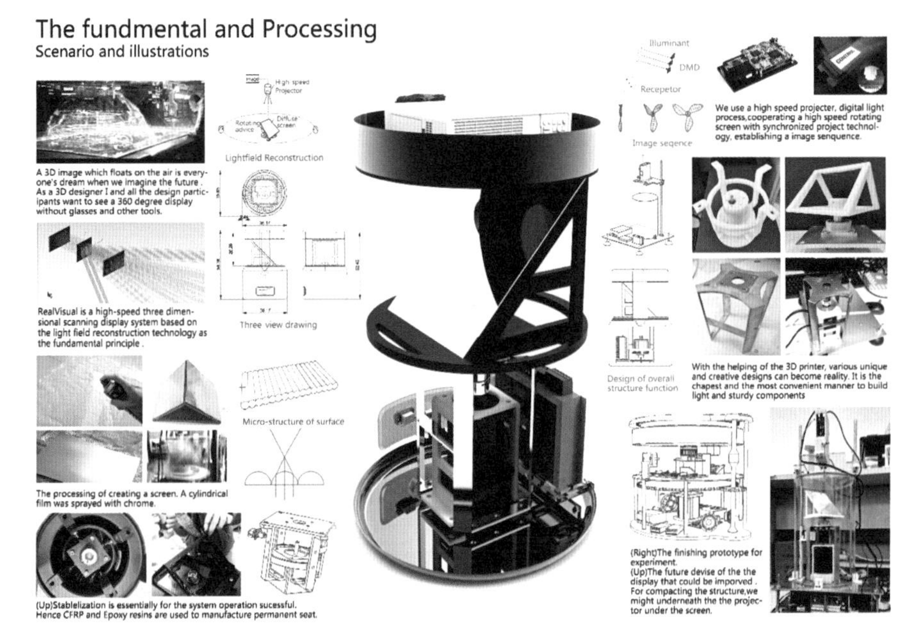

图 4-27 RealVisual 三维显示器（设计者：陈宇鹏，指导老师：曹淮、龙韧）（3）

智能医药箱通过WIFI与手机连接，通过手机管理药箱，提醒老年人服药，及时更新过期药物，使药物管理不再复杂（图4-28～图4-31）。

I-Bird是一款基于儿童认知心理的产品设计科普教育类软件。将卡牌与AR技术相结合，可视化、形象化相对抽象复杂的内容，让儿童在学习认知的过程中更加有代入感，进行情景化学习，提升学习者的存在感、直觉和专注感（图4-32～图4-36）。

这一款产品展现了中国传统文化中传统节日之魅力。将传统节日作为展现中国传统文化的设计对象，正是因为传统节日的形成是一个国家历史文化长期积淀的过程，它清晰地记录着中华民族丰富而又多彩的社会生活文化内容。这一产品的设计初衷是以小见大，以新的交互方式为传统文化的发扬增添新元素，从而展现并发掘中式美学之魅力。

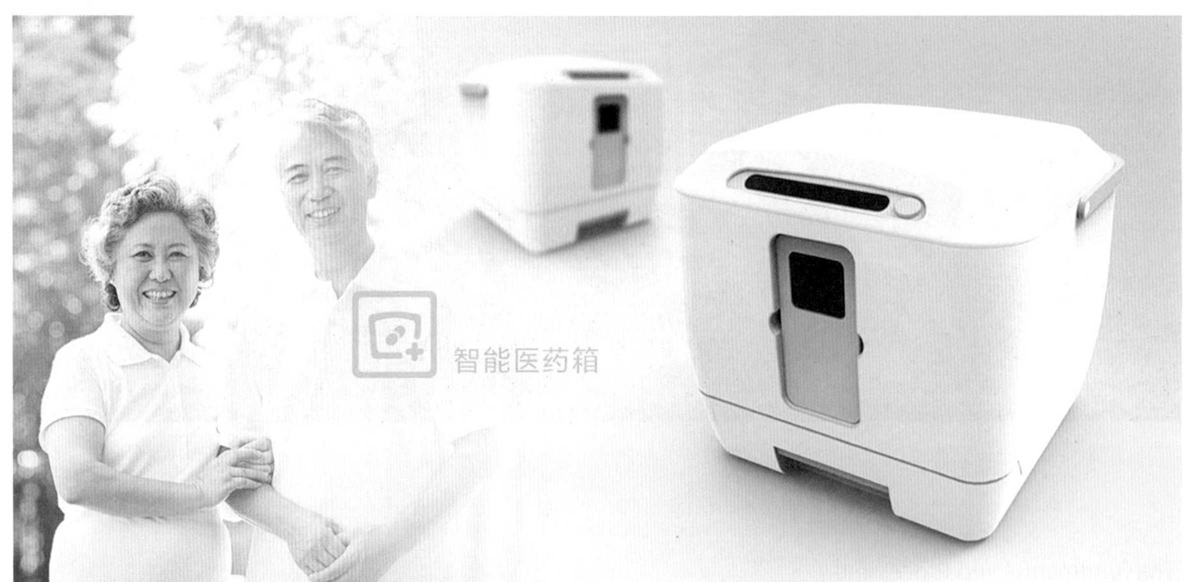

图4-28　老年人智能医药箱（设计者：张佩，指导老师：曹颖）（1）

图4-29　老年人智能医药箱（设计者：张佩，指导老师：曹颖）（2）

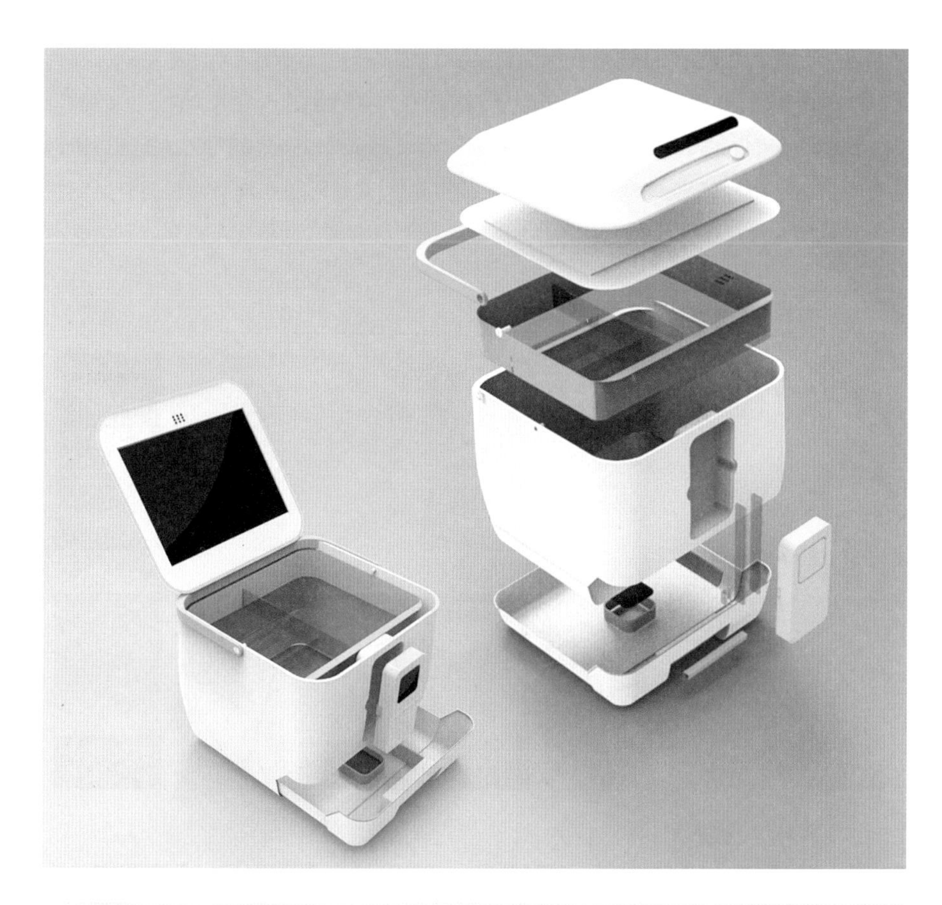

图4-30　老年人智能医药箱（设计者：张佩，指导老师：曹颖）（3）

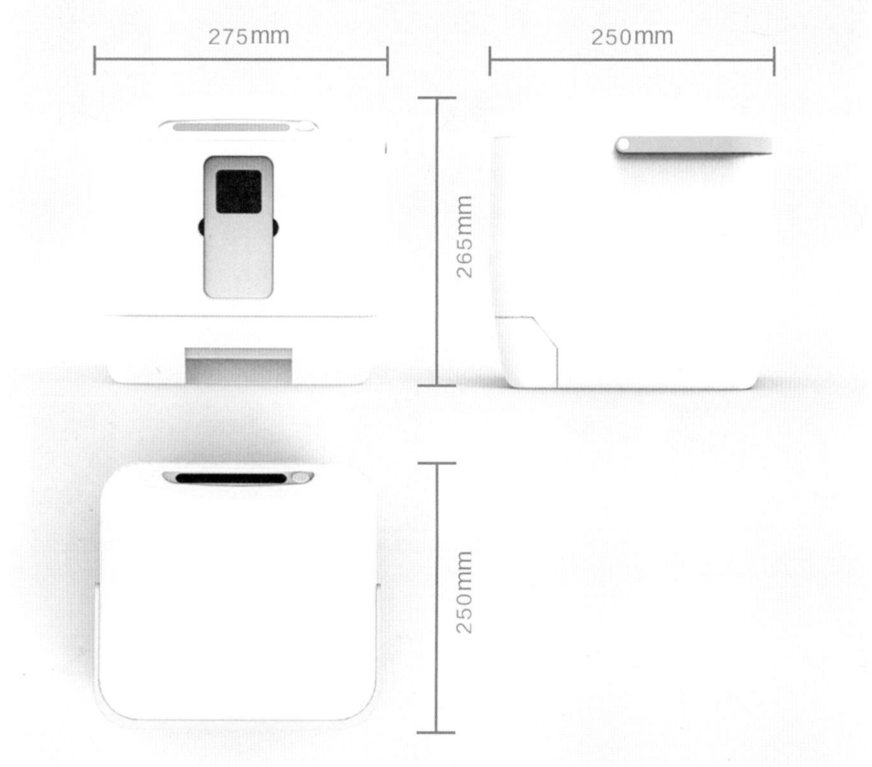

图4-31　老年人智能医药箱（设计者：张佩，指导老师：曹颖）（4）

在中国传统节日中选取5个代表节日——春节、清明、端午、中秋和重阳，作为展现中国传统文化的载体，将每个节日中具有代表性的事物聚合在方盒内，一格一世界，透过一个个方格中的场景，带我们穿越时间，留下那时的美好回忆。是通过运用导电银胶这一材料的特殊性能来体现与人的互动性,该材料是一种干燥后具有导电性能的胶黏剂，它能在纸上画出电路，为展现传统节日带来了新的交互方式，它能连通

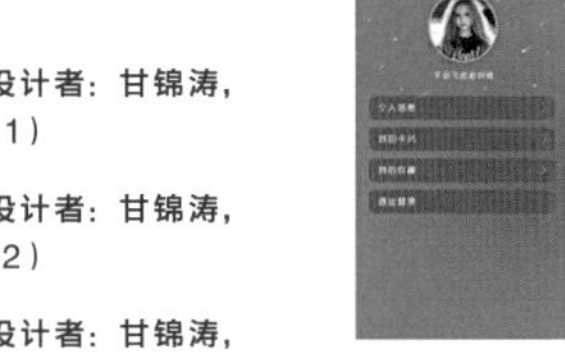

图 4–32 I–Bird（设计者：甘锦涛，指导老师：龙韧）（1）

图 4–21 I–Bird（设计者：甘锦涛，指导老师：龙韧）（2）

图 4–33 I–Bird（设计者：甘锦涛，指导老师：龙韧）（3）

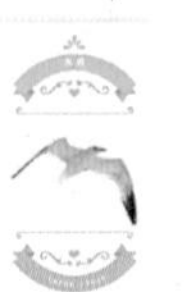

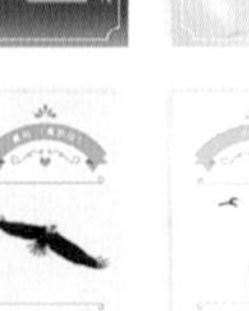

图 4-34 I-Bird（设计者：甘锦涛，指导老师：龙韧）（4）

图 4-35 I-Bird（设计者：甘锦涛，指导老师：龙韧）（5）

图 4-36 I-Bird（设计者：甘锦涛，指导老师：龙韧）（6）

各个元件，使笔尖所到之处能“点亮”每个节日，使用户参与其中，从而激发用户的兴趣，在互动中感受中国传统节日的魅力。希望此产品能将传统节日的美传递给每一个人（图4-37、图4-38）。

UXPA赛事服务于体验优化设计，以“能·构”为设计来源。设计者使用中国传统的玩具“七巧板”为设计元素，以“能构”二字为设计依托，设计了整套相关的VI元素。交互主要针对不同用户，比如学生用户、评审用户的不同需求提出解决方案，设计新的整体流程，添加了微信H5页面的相关流程，并输出。同时，在网站的整体的视觉风格设计上进行了较大的改动和统一，使用贯穿VI的视觉元素“七巧板”作为设计中心进行设计。在实际的运用中得到了好评（图4-39~图4-42）。

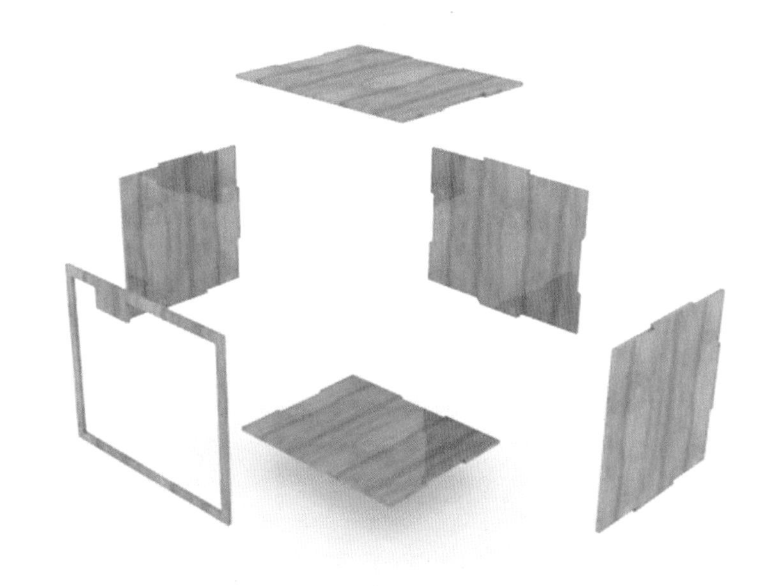

图4-37　传统节日创意产品（设计者：宋晓逸，指导老师：雷田）（1）

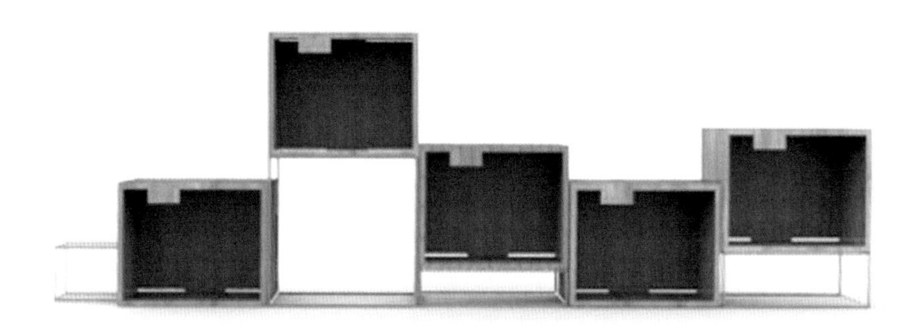

图4-38　传统节日创意产品（设计者：宋晓逸，指导老师：雷田）（2）

图 4-39 UXPA 赛事服务于体验优化设计（设计者：郭晶淼，指导老师：曹淮）（1）

本次大赛已经是第九届了。有了之前比赛举办的基础，这次主要针对以往大赛出现的交互痛点和设计痛点进行优化和解决。交互流程在与开发和比赛策划者进行讨论和疏通后，得到了进一步的完善。同时以本次大赛的主题“能 · 构”为核心设计灵感，结合已有的大赛logo进行整体VI设计，结合交互和VI，应开发需求进行网页视觉设计。

老易乐APP是一款针对老年人设计，为老年人生活提供便利的应用程序，融合了大桌面APP简洁好用的形式和独特的生活提示功能，以细致的备忘功能来实时跟进老年人生活，成为老年人生活的贴心APP助手。老易乐色彩丰富，形式简洁，操作提示详细，操作反馈及时，功能全面、易用，以点触和滑动为主要操作手势，对老

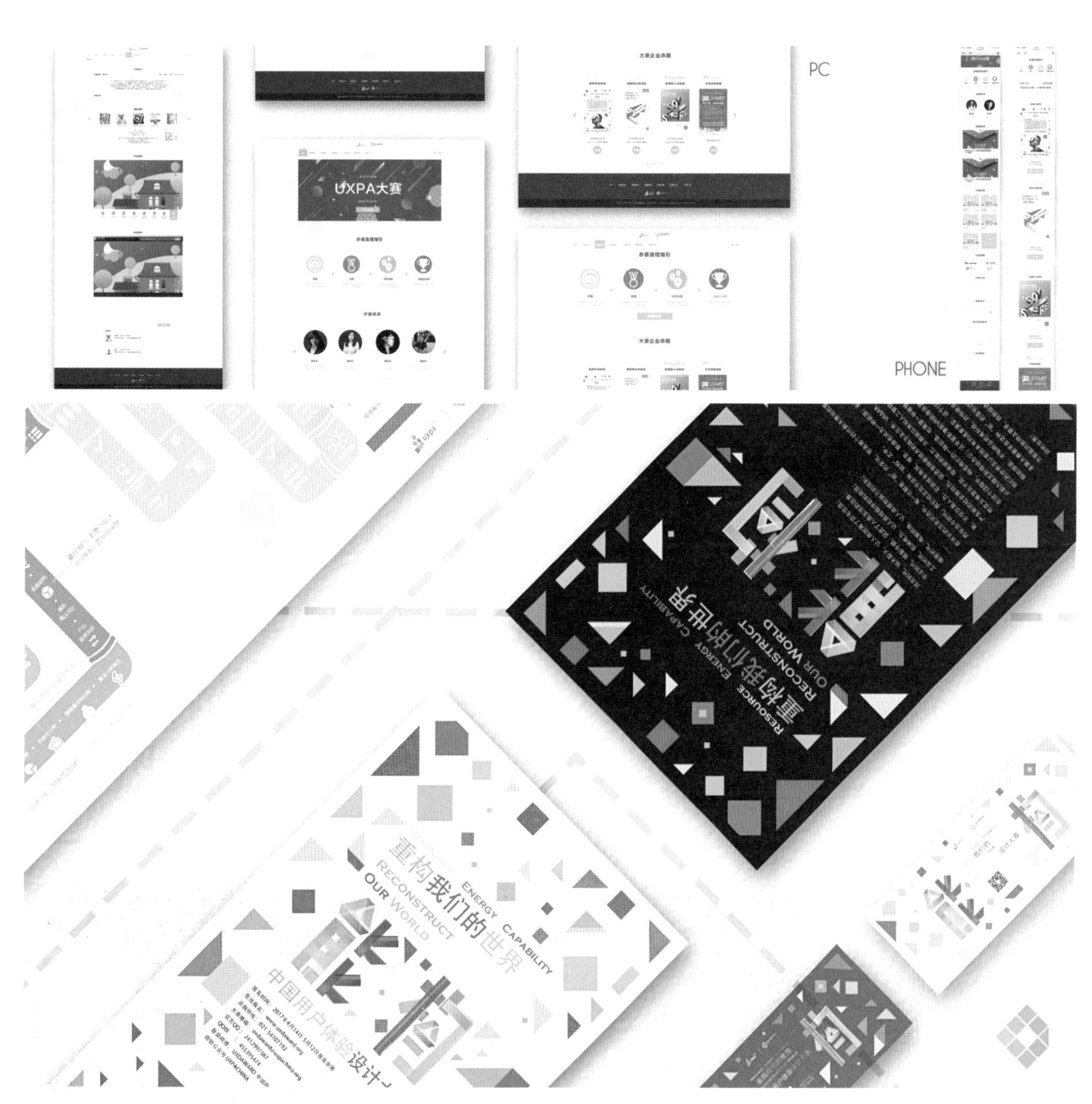

图 4-40 UXPA 赛事服务于体验优化设计（设计者：郭晶淼，指导老师：曹淮）（2）

图 4-41 UXPA 赛事服务于体验优化设计（设计者：郭晶淼，指导老师：曹淮）（3）

年用户来说上手容易。

老年用户是目前较为小众的一个用户群体，所以设计者在进行设计构思前，先对其群体共性和需求进行了调研，通过问卷形式了解了老年用户真实的使用状况。其次，对目前已面世的老年人APP作了竞品分析，在此基础上设计出了草图。确定了产品架构和流程后，通过图形软件制作出了高保真原型图和动态演示demo视频（图4-43～图4-46）。

由于目前针对老年用户设计制作的APP为数较少，而老年用户中又存在无法完全适应通用APP形式的问题，所以设计者选择老年用户为对象开展毕业设计，希望此产品能够真正服务于老年人的日常生活。

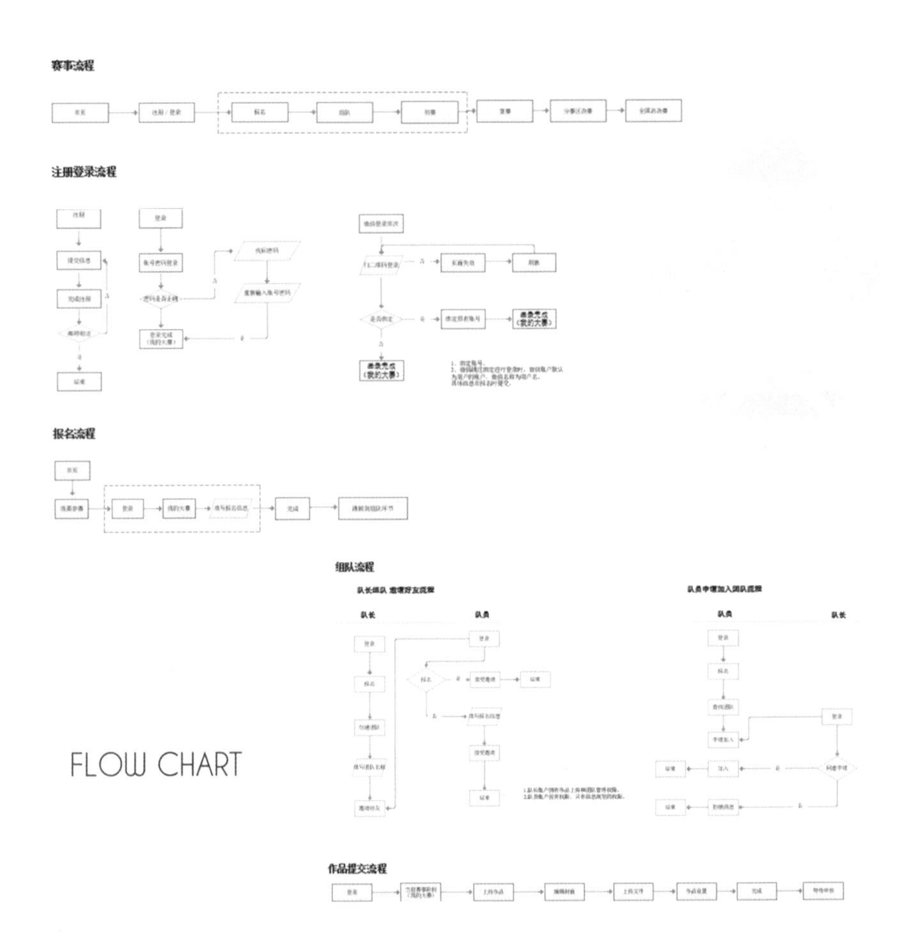

图 4-42 UXPA 赛事服务于体验优化设计（设计者：郭晶淼，指导老师：曹淮）（4）

图 4-43 老易乐老年人生活服务 APP（设计者：马越，指导老师：曹颖）（1）

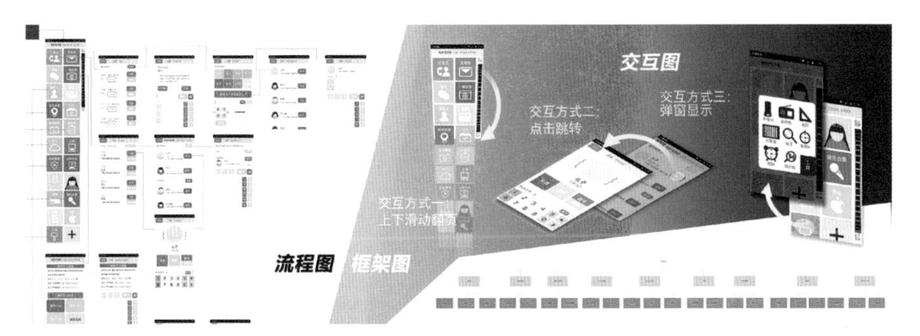

图 4-44　老易乐老年人生活服务 APP（设计者：马越，指导老师：曹颖）（2）

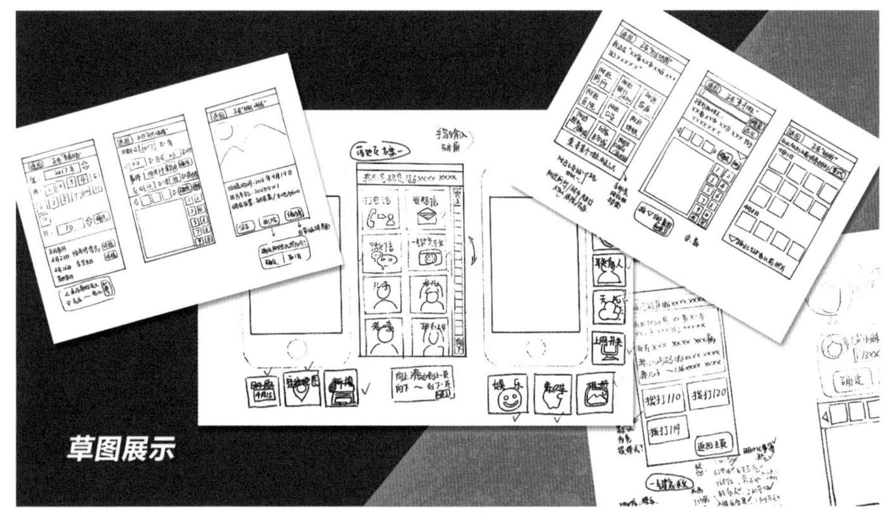

图 4-45　老易乐老年人生活服务 APP（设计者：马越，指导老师：曹颖）（3）

图 4-46　老易乐老年人生活服务 APP（设计者：马越，指导老师：曹颖）（4）

自闭症是一种脑部因发育障碍所导致的疾病，特征是情绪表达困难、社交互动障碍、语言和非语言的沟通有问题以及表现出限制的行为与重复的动作，明显的特定兴趣。不能进行正常的语言表达和社交活动，常出现一些刻板和重复性的动作和行为。

爱的叮铃产品在自闭症康复教育教育过程中融入参与性有利于打破其固有的封闭系统，增强观察力、记忆力、注意力和想象力等能力；通过其身体和行为动作的参与，促进感觉统合能力及各方面行为的发展；通过社会性的参与形式，帮助自闭症儿童建立与其他人的互动关系，促进其沟通交流能力的发展。我的产品中融入了优势智能带动弱势智能，多角色平等参与，进阶式多层次参与三种参与方式。

人群定位：3-6岁低龄段自闭症儿童环境定和位：家庭和自闭症康复训练中心（图4-47）

月流水这款灯具是通过柔和的光线、浓缩的山水自然之景来表达禅意的内蕴。灯可以通过旋转在明灯和夜灯两个模式之间切换，明灯之时，流沙似水从月挥洒而下，撞在预先设置好的阻隔上流动成形，绘出朦胧缥缈的一幅山水。而将灯旋转180°，则可以切换到夜灯。夜灯只有代表月的那一小块圆会有微光，灯光透过木材，影影绰

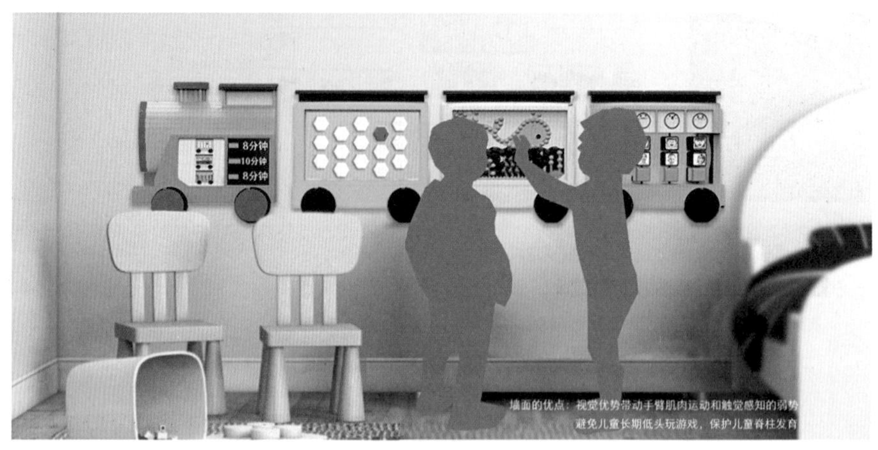

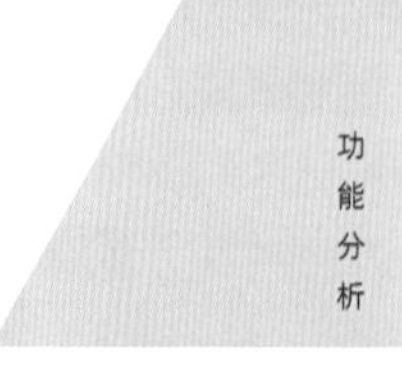

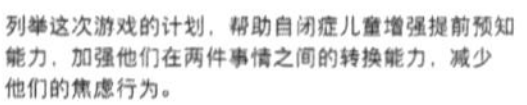

结辘的功能：

下面三个游戏在结辘上都有时间进度显示，时间到了，儿童需要转换到下一个模块进行游戏。
加强自闭症儿童的转换能力，在训练的过程中使其能够学会平滑过渡。

车厢上有12盏灯，当打开开关后会有一盏灯亮起，同时伴有声音提示，儿童触摸这盏灯时它就会熄灭，同时亮起另一盏灯。灯罩采用的橡胶材质，有的带有触点，以增强儿童触觉感知。

作用：

1.视觉展示与听觉指令相结合，增强儿童手眼协调能力；
2.增添了产品与儿童之间的互动性，同时可以增加多人交流。

提供若干颜色大小不同的磁铁圆片，儿童根据自己的洗好拼出自己喜欢的图案。提供图案，使儿童可以照着拼。

作用：

1.锻炼手指精细运动；
2.可多角色参与互动，增强儿童的交流；
3.有利于儿童创造力和想象力的发挥；
4.提高儿童主导自己行为的能力。

第一组纯卡通表情分别是开心、伤心、害怕、生气；
第二组是真人卡通图片；
第三组是真人图片，最下方是镜子，供儿童进行表情配对。

作用：

学会表情认知，从而打破沟通障碍；
可用于进阶式多层次参与，第一步教儿童将表情进行配对；第二步家长指一个表情让儿童模仿；第三步家长指出一个表情，儿童根据表情描述一段故事。

图4-47 爱的叮咛（设计者：王红蕾，指导老师：龙韧）（1）

设计草图

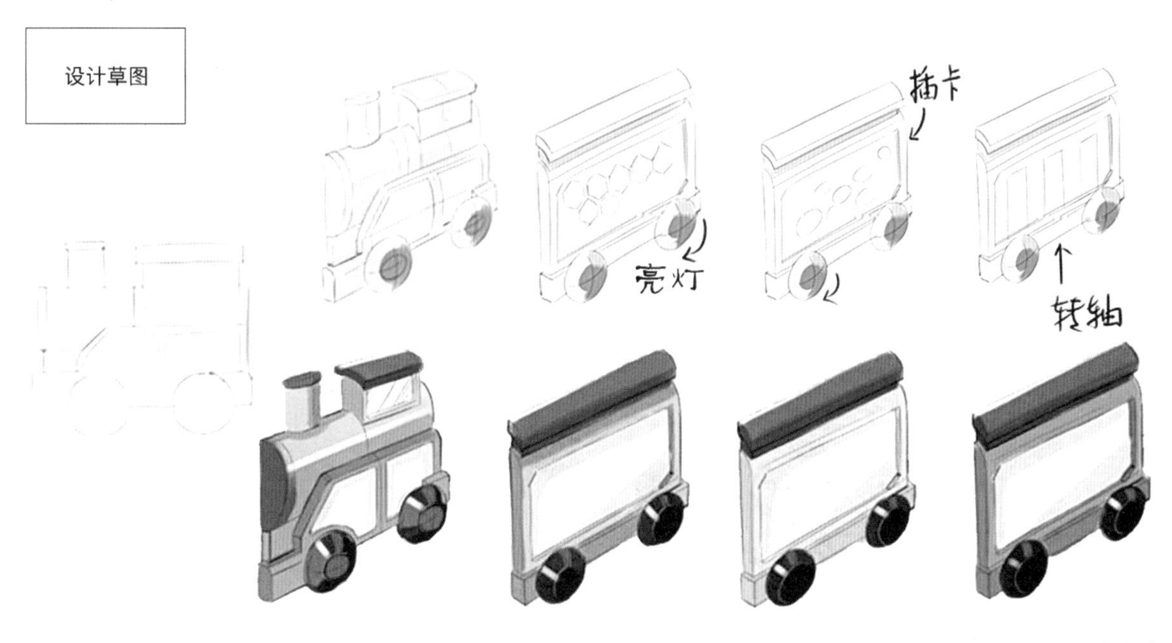

生产过程

产品整体采用木质材料切割而成，给人以安全感，健康环保，适合儿童玩耍。

图 4-48　爱的叮咛（设计者：王红蕾，指导老师：龙韧）（2）

绰，似水中倒影，流“动”的沙在此间充当构筑山水的线，却因为它的虚渺和视觉上的缓慢，却也能够使人安心而“静”悟禅道(图4-50、图4-51)。

作品光影纸雕悬浮灯则运用磁悬浮技术与无线充电技术，对传统灯饰进行全新的设计，发掘中国传统文化之美，实现了功能与审美上的统一，让传统文化绽放新的光彩。功能上，可悬浮灯罩（自带一定速度旋转）营造空灵的氛围，3挡可调节开关自由调节光照强度，工作状态指示灯运行状态一目了然。审美上，结合中国传统剪纸与皮影戏的光影，通过剪影的重叠，实现立体的光影变化效果。

作品工作原理是通过底部霍尔效应感应器，与上部悬浮子，实现物体的悬浮。再由电磁耦合接受装置，实现无线充电，使灯不经过电线，便可自动亮起，最后电阻

色彩设计

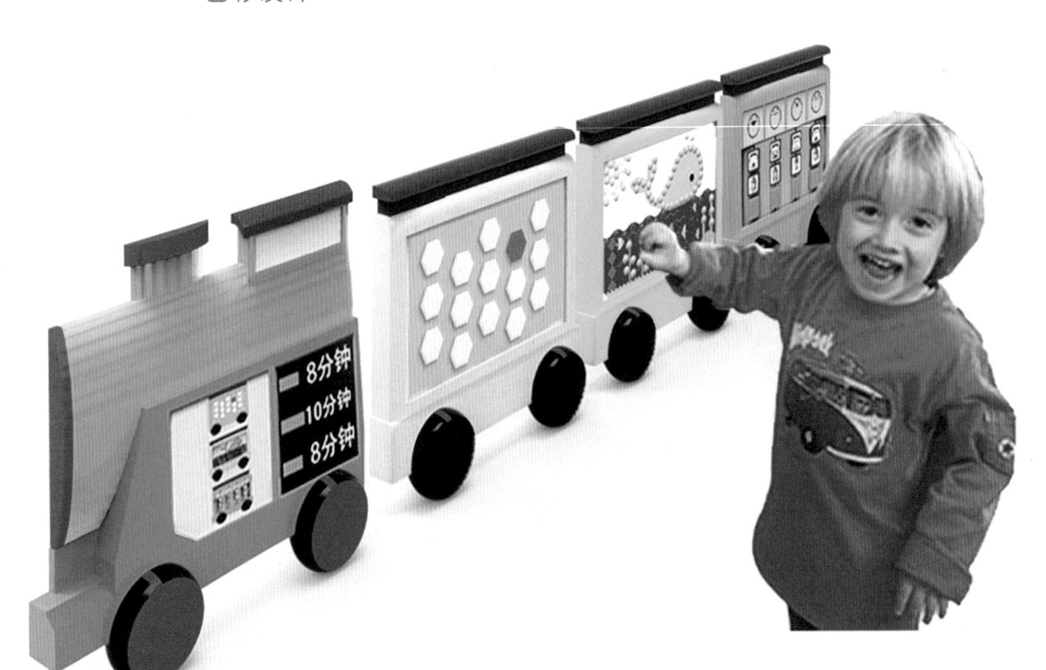

产品主色

C=30	C=70	C=77	C=95
M=0	M=5	M=45	M=78
Y=12	Y=18	Y=0	Y=38
K=0	K=0	K=0	K=2

产品辅色

C=52	C=4	C=0
M=6	M=30	M=87
Y=88	Y=77	Y=74
K=0	K=0	K=0

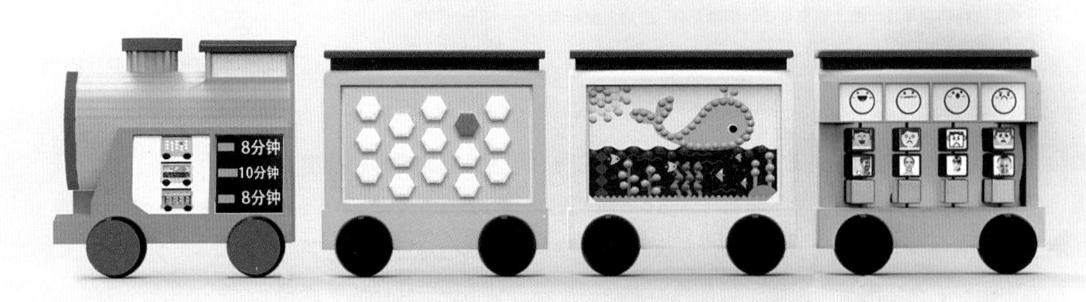

图 4–49 爱的叮咛（设计者：王红蕾，指导老师：龙韧）（3）

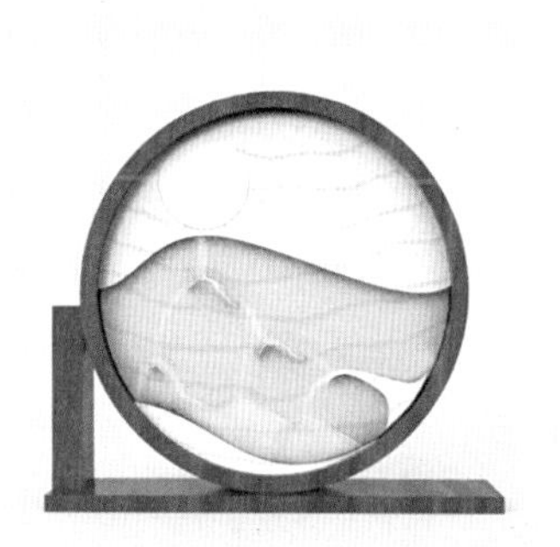
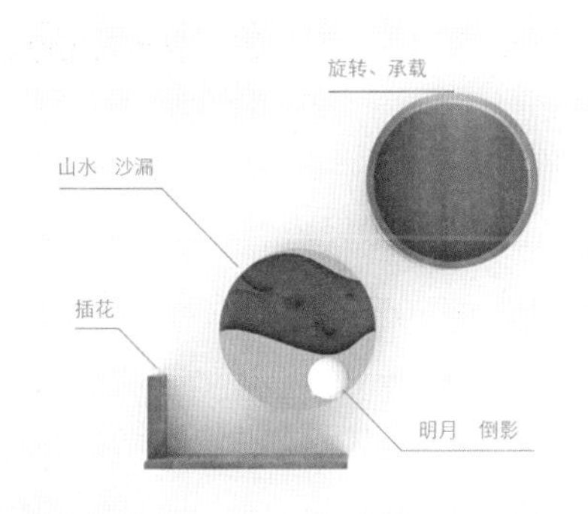

图 4-50 月流水（设计者：居越，指导老师：胡蓉珍）（1）

图 4-51 月流水（设计者：居越，指导老师：胡蓉珍）（2）

开关实现亮度的调解。感受光影变换的视觉体验不可思议的悬浮效果（图4-52~图4-55）。

SalivaCue是一台通过检测人体激素水平来监测女性生理健康的智能设备。该设备能够检测唾液中性激素含量具备非侵入式特点。内置的电化学传感集成了微电机阵列，从而能够捕捉唾液中的微量激素。它将数据无线传输给协同的手机APP。专业的APP建立起个人数据库，帮助用户判定出所处的生理期阶段及健康状态。Salivacue能够为女性健康监护、助孕、生理期避孕提供帮助（图4-56、图4-57）。

本设计是一款为年轻父母设计的智能亲子安抚玩具。对于很多年轻父母而言，孩子的吵闹常常让人崩溃。针对这一点，设计了这一款奇妙的智能玩具。它不仅仅具有可爱且极具魅力的章鱼玩偶外形，还能够通过相关APP远程控制玩偶，根据不同情境为孩子选择合适的灯光与音乐模式，轻松安抚孩子。甚至可以通过APP借由玩偶与孩子说话，有效延长亲子时间，增添亲子乐趣（图4-58、图4-59）。

作品基于增强现实的影像应用设计研究，是基于全新增强现实平台的应用的交互方式，在结合实际需求和用户研究的基础上，对未来人机交互界面的形式作出畅想，探索利用此平台的无限延伸性塑造新一代影像管理储存演示应用软件的方法（图4-60、图4-61）。

图 4-52 光影纸雕悬浮灯（设计者：段忠亮，指导老师：雷田）（1）

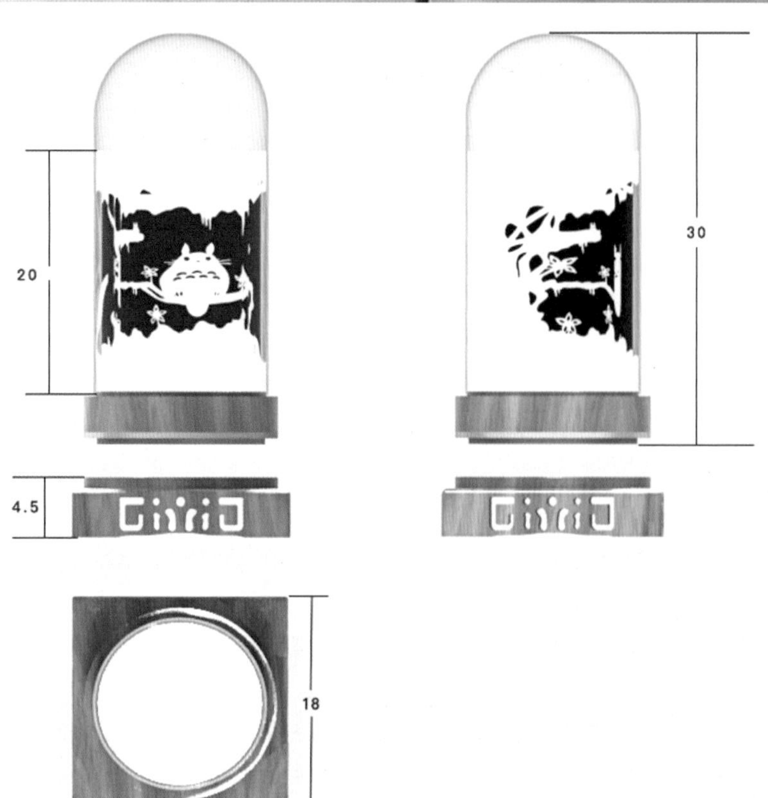

图 4-53 光影纸雕悬浮灯（设计者：段忠亮，指导老师：雷田）（2）

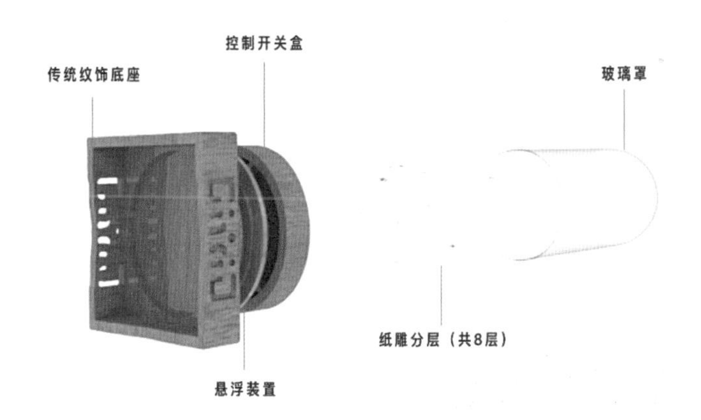

图 4-54 光影纸雕悬浮灯（设计者：段忠亮，指导老师：雷田）（3）

图 4-55 光影纸雕悬浮灯（设计者：段忠亮，指导老师：雷田）（4）

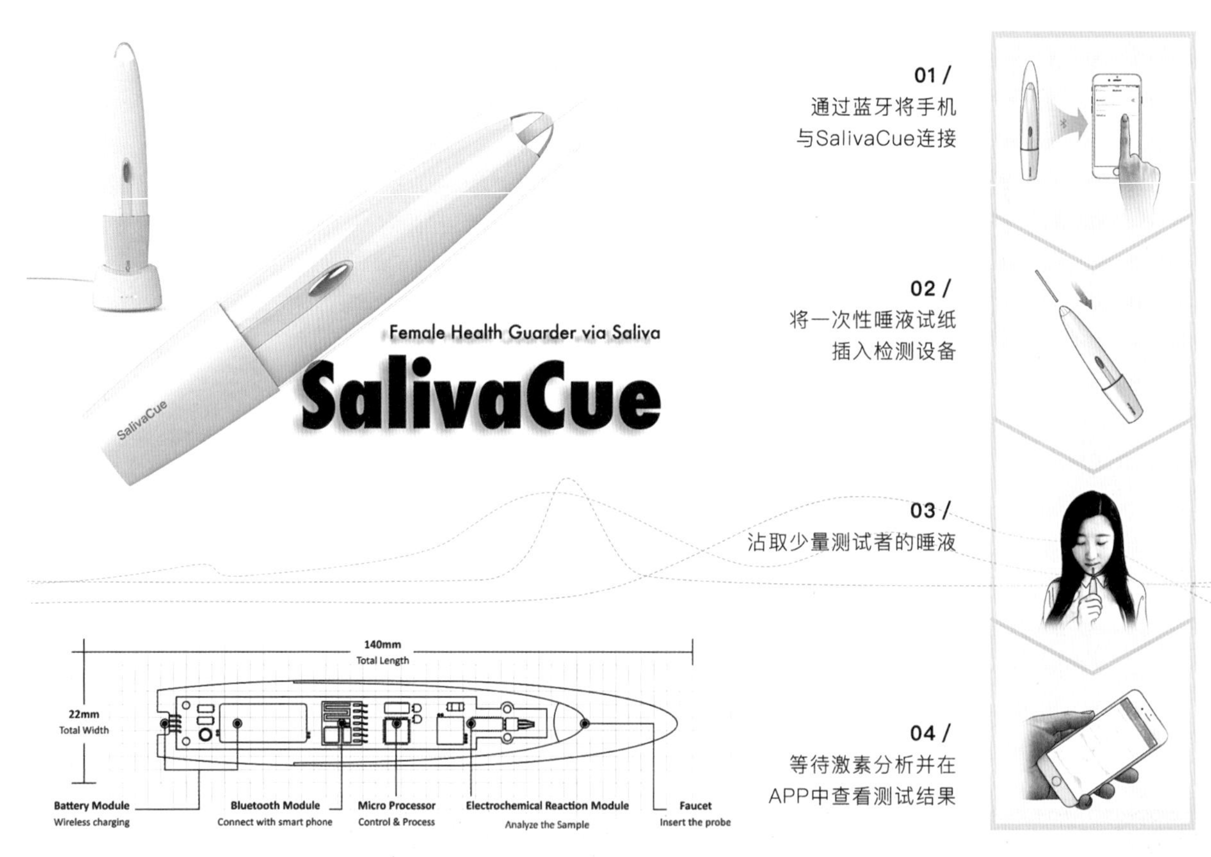

图 4–56　女性生理健康检测产品及其APP 设计（设计者：张健楠，指导老师：雷田）（1）

图 4–57　女性生理健康检测产品及其APP 设计（设计者：张健楠，指导老师：雷田）（2）

图 4-58　智能亲子玩具及其 APP 设计（设计者：郑小茜，指导老师：雷田）（1）

图 4-59　智能亲子玩具及其 APP 设计（设计者：郑小茜，指导老师：雷田）（2）

图 4-60 基于增强现实的影像应用设计研究（杨慧莹）（1）

图 4-61 基于增强现实的影像应用设计研究（杨慧莹）（2）

可穿戴静脉导航仪采用头戴形式进行主体造型，设计点在于帮助医护人员在寻找静脉的过程中解放双手，使医生可以进行其他医疗操作。穿戴式静脉导航仪在满足基本的人机工程需求的前提下，形态趋于亲近诙谐的造型语言。使用户给患者带来温和的用户体验和亲切的视觉感受（图4-62、图4-63）。

图 4-62 可穿戴静脉导航仪造型设计（设计者：赵亚冲，指导老师：黄朝晖）（1）

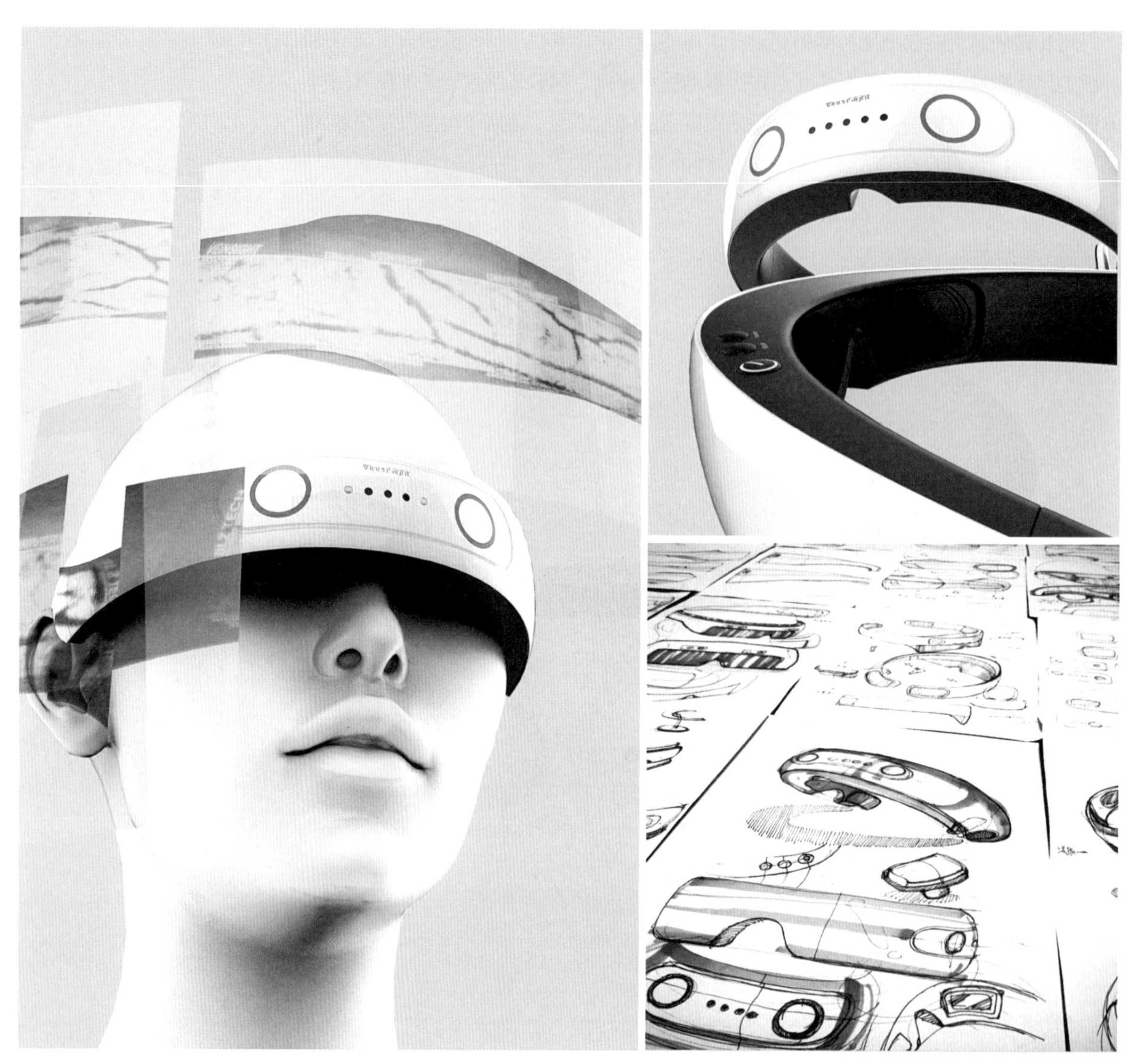

图 4-63 可穿戴静脉导航仪造型设计
（设计者：赵亚冲，指导老师：黄朝晖）
（2）

“贝赛智童”校园安全健康智能系统是一款集校园安全接送、拍照考勤、实时视频、家校互动、儿童定位、体温测量为一体的智能管理系统，真正意义上实现在校孩子、家长与学校三发无障碍全网互动沟通平台，全面把握孩子在校内外的平安、健康的最新情况（图4-64～图4-66）。

图 4-64　儿童智能手环整合设计（设计者：于肖月，指导老师：袁华祥）（1）

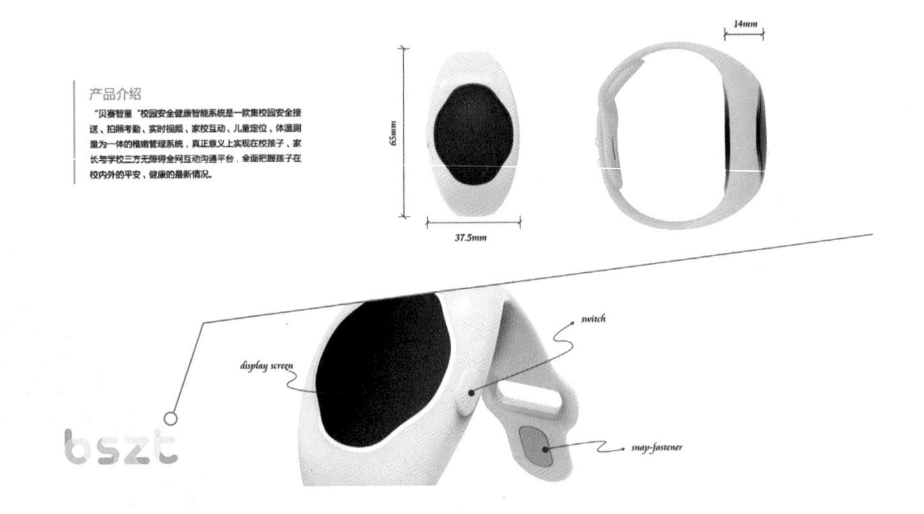

图 4–65 儿童智能手环整合设计（设计者：于肖月，指导老师：袁华祥）(2)

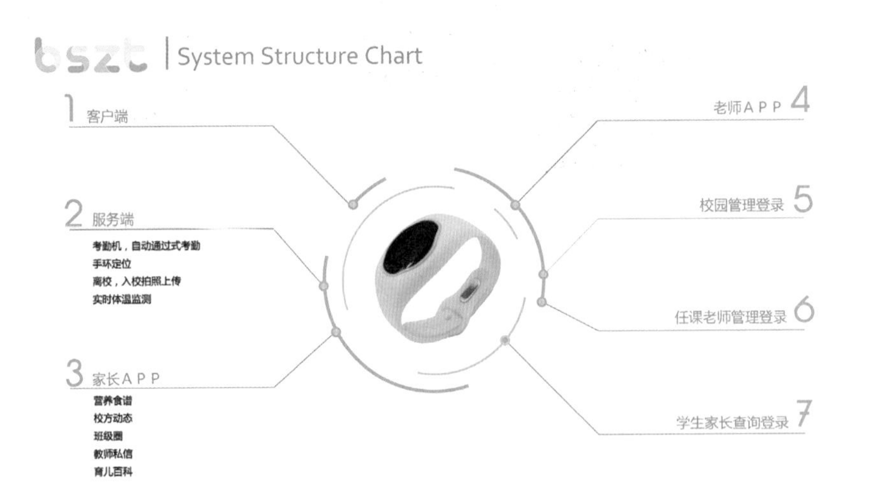

图 4–66 儿童智能手环整合设计（设计者：于肖月，指导老师：袁华祥）(3)

参考文献

[1] 张小夫，张朝霞，刘言韬. 中国新媒体艺术研究中的三个重要范畴[J]. 中国人民大学学报，2013（1）：44—51.

[2] 吴文瀚. 新媒体艺术的技术本源、文化身份与价值表达考量[J]. 现代传播（中国传媒大学学报），2015（5）：78—82.

[3] 方春，董斌. 新媒体艺术交互性的时空特质[J]. 安徽师范大学学报（人文社会科学版），2013（2）：258—264.

[4] 段运冬. 视觉文化的“创世纪”——新媒体艺术及其对影像文化的促动[J]. 美术研究，2004（4）：108—112.

[5] 张惠颖；王辉. 产品复杂性与主体互动模式对创新绩效的影响研究[J]. 科学学研究，2012（2）：294—300.

[6] 王恺. 新媒体环境下，互动创意的情感化设计[J]. 设计，2013（24）：146—148.

[7] 李四达. 后影像时代的新媒体艺术探索——数字媒体与当代艺术的融合[J]. 饰，2007（4）：7—9.

[8] 章翔. 对城市广场景观中的互动设计探讨[J]. 艺术科技，2013（7）：265.

[9] 李铁南. 工业设计新前沿：互动设计[J]. 艺术百家，2007（5）：95—101.

[10] 李铁南. 试论优良互动设计的主要特征[J]. 包装工程，2008（1）：162—164.

[11] 许婷. 互动媒体艺术设计中的感官体验[A]；设计驱动商业创新：2013清华国际设计管理大会论文集（中文部分）[C]. 2013：63—69.

[12] 潘祯祯，刘洋. 反直觉设计与产品的情感体验[A]；2013国际工业设计研讨会暨第十八届全国工业设计学术年会论文集[C]. 2013：260—263.

[13] 黄诗鸿. 趣味设计互动性在厨具产品中的应用探讨[J]. 包装工程，2010（12）：39—45.

[14] 罗茂元，顾丹，熊方.体感互动性产品的雏形设计开发[J]. 电子制作，2014（12）：111—112.

[15] 韦娜，王传龙. 浅析产品设计中的安全问题——人与产品互动中的和谐[J]. 商业文化，2012（3）：176.

[16] 郑林欣，卢艺舟. 产品设计中的动作隐喻[J]. 新美术，2016（7）：125—127.

[17] 高嘉俊. 浅谈用户体验与智能穿戴产品设计[J]. 艺术科技，2015（9）：246.

[18] 徐荣钰. 智能可穿戴产品用户体验设计方法研究[J]. 设计，2015（22）：102—103.
[19] 刘静，孙向红. 什么决定着用户对产品的完整体验？[J]. 心理科学进展，2011（1）：94—106.
[20] 方琳. 提升产品设计中用户体验的研究[J]. 湖南城市学院学报（自然科学版），2016（6）：83—84.
[21] 王亦敏，刘玉红. 基于用户体验角度下的产品设计研究[J]. 艺术与设计（理论），2016（11）：111—113.
[22] 何媛，程旭锋. 基于用户体验的产品设计研究[J]. 设计，2016（24）：50—51.
[23] 王悦，聂桂平. 可穿戴智能产品设计研究[J]. 设计，2014（12）：102—104.
[24] 董可然. 基于用户体验的智能产品的交互设计研究[J]. 艺术科技，2016（4）：89.
[25] 何京广，徐文静. 产品设计之智能化设计[J]. 科技与创新，2016（11）：46.
[26] Eric Baczuk. 情感感知带来的全新设计方式[J]. 商学院，2015（1）：90—91.
[27] Interactive Design 互动设计[J]. International New Landscape 国际新景观，2014（5）.
[28] 谭亮. 从传达走向体验——论广告中的互动设计创新[J]. 美术学报，2011（5）：28—32.
[29] 戚培智. 探析网络媒体广告的互动设计[J]. 包装工程，2012（16）：136—139.
[30] 林怀文. 互动设计——建筑师与发展商在商品住宅设计中的合作[J]. 建筑学报，2000（4）：22—28.
[31] 张茜. 以用户为中心的情感互动设计研究[D]. 南京航空航天大学，2007.
[32] 卢素然. 厨房家电情趣化设计研究[D]. 河北工业大学，2007.
[33] 李美莲. 体验设计[D]. 吉林大学，2004.
[34] 郑瑾. 居住环境营造过程中的互动设计[D]. 湖南大学，2001.
[35] 盖璐璐. 户外广告的互动性设计研究[D]. 北京交通大学，2012.
[36] 庞爱民，凡杰. 情感化的工业产品设计[A]；2008国际工业设计研讨会暨第十三届全国工业设计学术年会[C]. 2008：58—60.
[37] 陈晶. 基于人际互动导向理念的产品情感化设计研究[D]. 上海交通大学，2009.
[38] 赵智慧. 体验经济下产品设计的宜人化研究[D]. 华中科技大学，2006.
[39] 章文. 基于情感体验的家用智能产品设计[D]. 中国美术学院，2013.
[40] 赵昕. 交互式设计在电子健康饮食菜谱及其载体设计中的应用[D]. 同济大学，2008.
[41] 罗璇. 基于互动设计理念的城市公共家具研究[D]. 中南林业科技大学，2009.
[42] 张婷. 情趣化在产品设计领域中的应用研究[D]. 江南大学，2007.
[43] 王安正，张锡. 产品设计的情趣化表现[J]. 艺术与设计（理论），2007（7）：83—85.
[44] 李世国，程玖平，张玕.“反馈自我”形式的体验设计与价值[J]. 包装工程，

2014（8）：52—60.

［45］梁晶，周超. 商业环境的情感化设计需求分析[J]. 大众文艺，2014（4）：72.

［46］周飞，邓嵘，李世国. 论产品交互设计中的模糊性[J]. 包装工程，2013（18）：39—42.

［47］周燕玲. 论工业设计形式的情感体验[J]. 美与时代（上），2012（11）：14—16.

［48］陈晶. 人际互动导向的产品情感化设计研究[J]. 艺术与设计（理论），2009（1）：145—147.

［49］迈克尔·拉什（Michael Rush）. 新媒体艺术[M]. 上海：上海人民美术出版社，2015.

［50］金江波. 当代新媒体艺术特征[M]. 北京：清华大学出版社，2016.

［51］陈小清. 新媒体艺术的心理体验设计[M]. 广东：广东高等教育出版社，2013.

［52］龙全. 融合与拓展-与时俱进的新媒体艺术科学[M]. 湖南：湖南美术出版社，2010.

［53］杨艺. 嗨！新媒体：漫话新媒体艺术与设计[M]. 大连：大连理工大学出版社，2012.

［54］谭坤，吕悦宁. 互动媒体产品艺术设计[M]. 北京：中国纺织出版社，2015.

［55］丘星星. 新媒体技术与艺术互动设计[M]. 北京：艺术家出版社，2016.

［56］诺曼（美）.设计心理学3：情感化设计[M]. 北京：中信出版社，2015.

［57］Stephen P.Anderson（美）.怦然心动 情感化交互设计指南[M]. 北京：人民邮电出版社，2015.

［58］陈根. 图解情感化设计及案例点评[M]. 北京：化工工业出版社，2016.

［59］Alan.cooper（美）. About Face 4:交互设计精髓[M]. 北京：电子工业出版社，2015.

［60］陈寿菊. 多媒体艺术与设计[M]. 重庆：重庆大学出版社，2007.

［61］吕悦宁. 多媒体产品艺术设计[M]. 北京：高等教育出版社，2010.

［62］黄秋野. 互动媒体设计[M]. 南京：东南大学出版社，2011.

［63］吴春茂. 生活产品设计[M]. 上海：东华大学出版社，2017.

［64］孙丽丽. 人体工学及产品设计实例[M]. 北京：化学工业出版社，2016.

［65］洛可可创意设计学院. 产品设计思维[M]. 北京：电子工业出版社，2016.

［66］李维立.百年工业设计[M]. 北京：中国防纺织出版社，2017.

［67］Hugh Aldersey-Williams，Peter Hall，Ted Sargent，*Paola Antonelli.Design and the Elastic Mind* [M]. 纽约The Museum of Modern Art出版，2008.3.

［68］Tom Inns. *Designing for the 21st Century—Interdisciplinary Questions and Insights* [M]，英国Gower出版社，2007.11.

［69］林迅. 新媒体艺术[M]. 上海：上海交通大学出版社，2011.6.

［70］黄秋野. 互动媒体设计[M]. 南京：东南大学出版社，2012.3.

［71］袁珺. 景观设计中装置艺术的应用研究[D]. 北京林业大学，2012.

［72］张才勇. 当代多媒体装置与建筑空间环境塑造的设计研究[D]. 重庆大学，2008.

编后记

《数字媒体艺术与设计教学丛书》从开始的探讨到最后的完成可以说经历了整个专业从逐步形成到迅速发展的一个过程。记得那是在某年末的一天，我与建工出版社的李东禧主任在798巧遇，共同探讨在当今数字化的信息时代，我们能够深刻地感受到人们的生活方式发生了巨大的变化。以数字媒体艺术与设计为代表的专业在各大院校迅速成立并发展，这是史无前例的跨越多种学科的新型专业，其表现形式多样，视觉冲击力强，可以使用户有多种不同的身临其境的体验，所具有的互动娱乐性，更是得到年轻人的喜爱。

由于数字媒体介入的艺术创作与设计的系统教学资料在国内较为匮乏，此次会面为教材出版的顺利进行奠定了扎实的基础。

参与此次系列教材的编委全部都是较为年轻，从事数字媒体艺术与设计的一线专业老师，他们大多具有国外留学或访学背景，对国内外数字媒体专业具有全方位的了解。他们充满活力，具有敏锐的嗅觉，接受新鲜事物的能力极强。在各自的学校教授数字媒体艺术与设计多年，同时也参与过一些实际的项目，教案和课件也积攒了很多并更新了数次，希望与大家分享，互相借鉴学习。本套教材的很多实际案例都是各大院校的教学成果，这些学生们的作品为本套教材增添了许多的创意火花，近年来很多已经毕业的学生在社会的各个工作岗位上已经担任起骨干力量，也有很多学生已成为优秀的独立数字媒体艺术家。

2015年春，我们以一种轻松愉快的形式召开了部分编委关于教材内容及形式的会议，就全套教材的几个不同方向，内容及版式等细节问题进行了探讨。大家各抒己见，对数字媒体艺术与设计教学中的各种问题进行讨论，并对专业的发展提出了更多的可能性，专业的团队合作精神在此次会议上得到了充分的体现，为教材的出版起到了积极的推动作用。

本套教材的编写过程按照数字媒体艺术与设计的学科特点，针对数字媒体艺术与设计的培养目标充分吸收和借鉴本学科国内外新成果、新的观念与创意，把多年的教学理论研究与实践融入其中。力求将艺术与科学技术，从理论到实用融于一体，并做到观点明确，内容深入浅出，图文结合，可读性、可操作性强。可作为数字媒体艺术与设计专业师生有效的参考资料。成书的过程也是历练的过程，其中难免有不尽人意之处，望读者和同行能够提出宝贵的意见。

感谢诸位作者的支持，没有他们的赐稿，编者难为无米之炊。最后我要衷心感谢中国建筑工业出版社的工作人员，他们以认真、严谨和负责的态度及无可挑剔的专业能力，为书稿的修改、编辑付出了巨大的辛劳，大大提升了本书的学术水平，在整个出版过程中对我一直信任、鼓励与鞭策，让我深深感动，在此一并感谢！

中央美术学院副教授

2017年7月